1 Wie heißen die Zahlen?

a)

_____

_____

_____

b)

_____

_____

_____

_____

2 Trage in die Stellenwerttafel ein.

6T 3H 1Z

8H 2Z 1E

7T 1H 9Z 2E

5T 8H 2Z

2T 8Z 5E

2T 7Z 8E

9T 8H 2Z 4E

2T 4H 6Z

5H 9E

T	H	Z	E	Zahl

3 Immer zwei Karten gehören zusammen. Färbe sie in derselben Farbe.

| 2002 | 2T 2H | 8T 4H 2E | 4T 8E |

| 8402 | 2T 2E | 8420 | 4T 8Z |

| 8T 4H 2Z | 4080 | 2200 | 4008 |

1 Kleiner, größer oder gleich? Setze ein: <, > oder =

a) 704 ☐ 7040   b) 4124 ☐ 3897   c) 3829 ☐ 4175

   8267 ☐ 827   5714 ☐ 6148   5083 ☐ 5830

   1000 ☐ 111   3792 ☐ 3791   7298 ☐ 7428

   824 ☐ 2048   2999 ☐ 3111   3840 ☐ 4083

d) 5932 ☐ 5932   e) 5020 ☐ 5002   f) 2859 ☐ 2509

   3950 ☐ 9500   7130 ☐ 7031   6071 ☐ 6710

   2589 ☐ 2851   4217 ☐ 4217   1087 ☐ 1087

   8103 ☐ 8209   3024 ☐ 3420   9170 ☐ 9310

2 Ordne die Zahlen nach der Größe. Beginne mit der kleinsten Zahl.
Du erhältst ein Lösungswort.

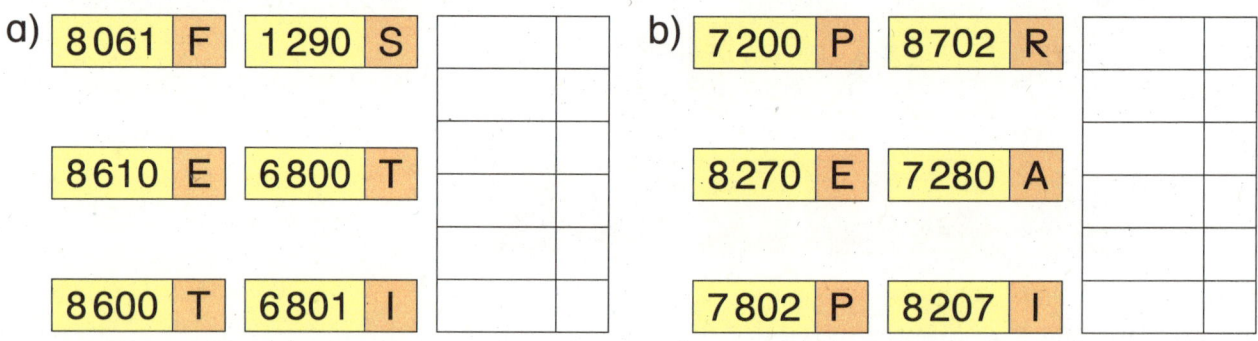

a)
8061 F	1290 S
8610 E	6800 T
8600 T	6801 I

b)
7200 P	8702 R
8270 E	7280 A
7802 P	8207 I

3 Bilde 6 Zahlen. Ordne sie der Größe nach in die Stellenwerttafel ein.
Beginne mit der kleinsten Zahl.

T H Z E

4 Bilde Zahlen und ordne sie der Größe nach.
Beginne mit der größten Zahl. Schreibe ins Heft.
Findest du alle 24 Möglichkeiten?

1 Wie heißen die Zahlen?

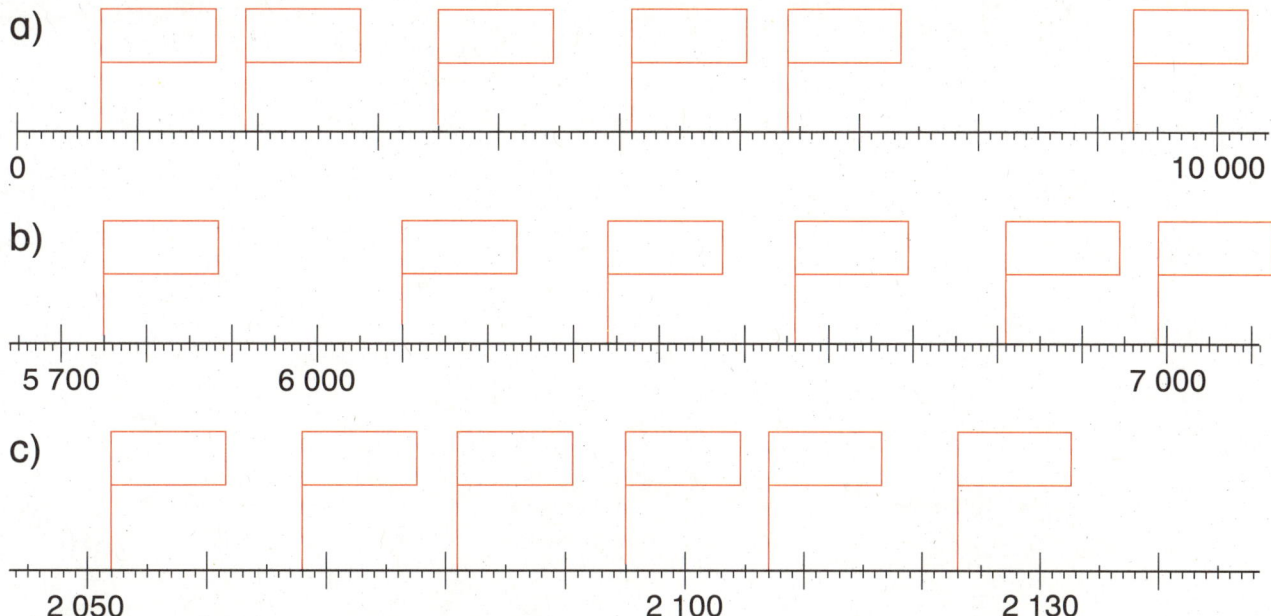

a)

0   10 000

b)

5 700   6 000   7 000

c)

2 050   2 100   2 130

2 Ordne die Zahlen zu.

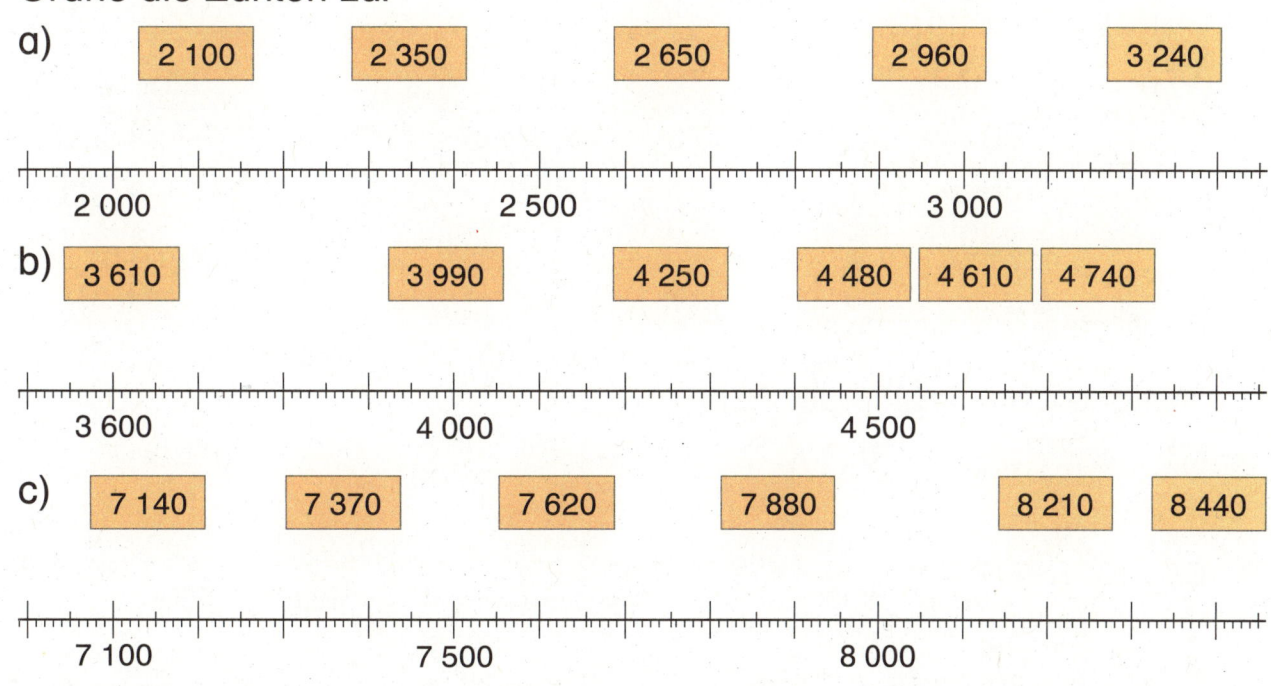

a) 2 100   2 350   2 650   2 960   3 240

2 000   2 500   3 000

b) 3 610   3 990   4 250   4 480   4 610   4 740

3 600   4 000   4 500

c) 7 140   7 370   7 620   7 880   8 210   8 440

7 100   7 500   8 000

3 Fülle die Tabelle aus.

a)

Nachbar-tausender	Zahl	Nachbar-tausender
	1 740	
	4 700	
	3 620	
	6 395	
	5 280	

b)

Nachbar-tausender	Zahl	Nachbar-tausender
	3 710	
	5 276	
	2 560	
	4 725	
	1 970	

1 Setze die Zahlenreihen fort.

a) | 7 450 | 7 500 | | | | | | | 7 850 |

b) | 2 480 | 2 500 | | | | | | | 2 640 |

c) | 3 200 | 3 150 | | | | | | | 2 800 |

d) | 5 740 | 5 720 | | | | | | | 5 580 |

e) | 8 410 | 8 380 | | | | | | | 8 170 |

2 Verbinde: Vorgänger – Zahl – Nachfolger.

a)

Vorgänger	Zahl	Nachfolger
1782	2800	2801
4288	4999	1784
2799	4289	4290
4998	1783	5000

b)

Vorgänger	Zahl	Nachfolger
3808	4830	3810
3200	3809	4831
4829	4300	4301
4299	3201	3202

3 Welche Zahl liegt in der Mitte?

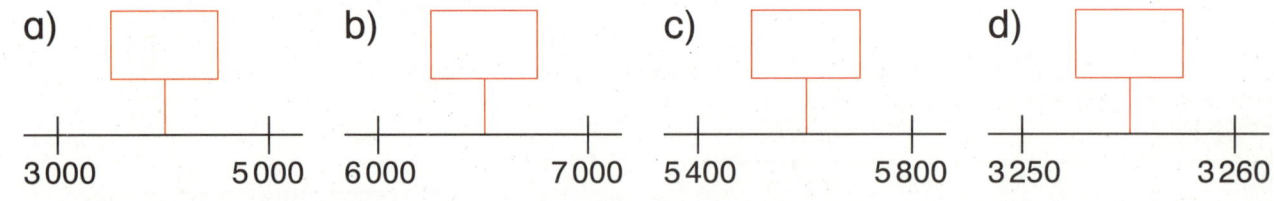

a) 3 000 — 5 000   b) 6 000 — 7 000   c) 5 400 — 5 800   d) 3 250 — 3 260

4 Trage die fehlenden Zahlen in die Tabelle ein.

a)

Vorgänger	Zahl	Nachfolger
4725		
		5890
	3199	
5309		
		2734
	4060	
7088		

b)

Vorgänger	Zahl	Nachfolger
2768		
	4399	
		6001
7209		
		3330
	5050	
8999		

1 Die Mäuse haben die Zahlen gefressen. Ergänze die fehlenden Zahlen.

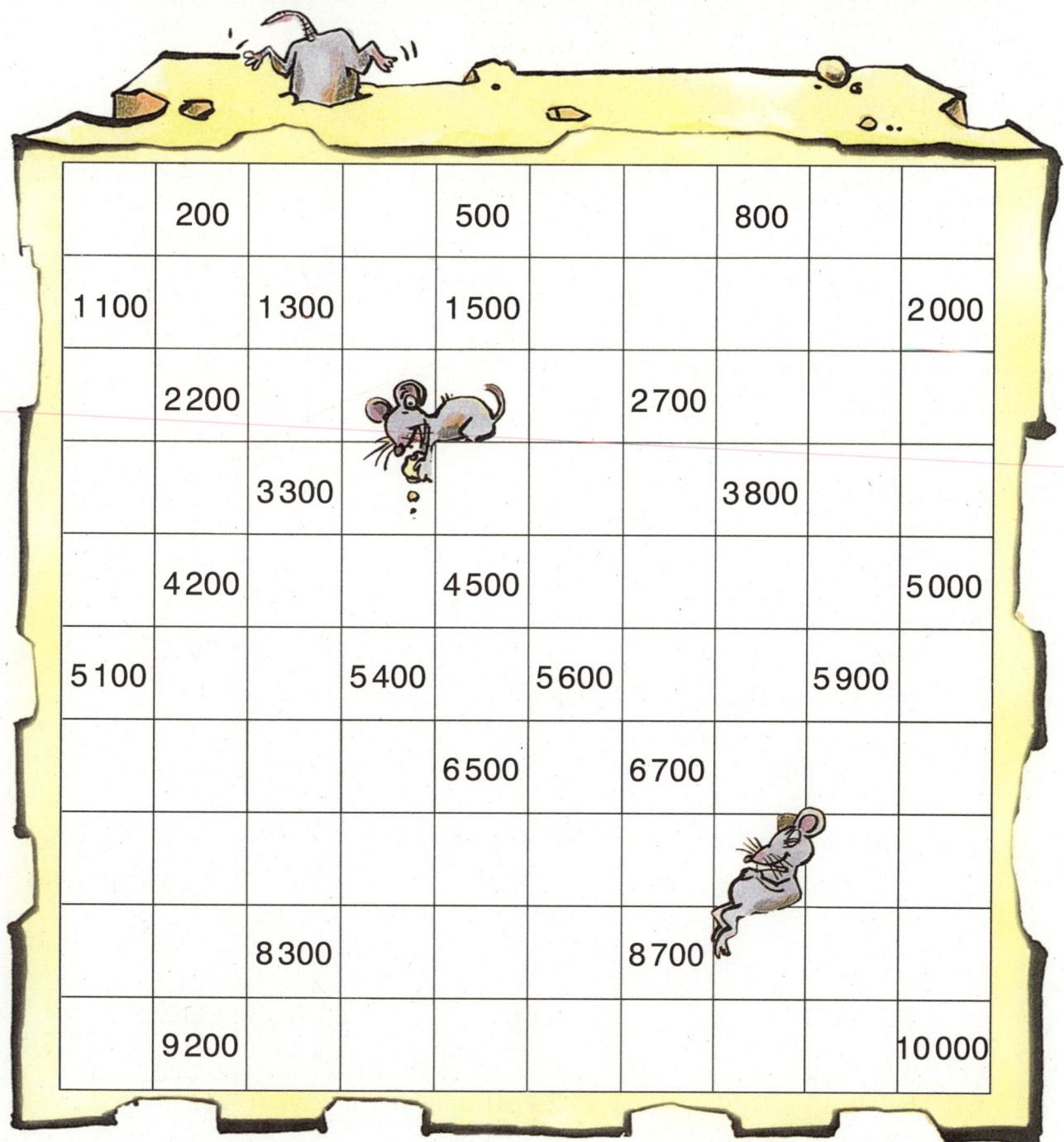

	200			500			800		
1 100		1 300		1 500					2 000
	2 200					2 700			
		3 300					3 800		
	4 200			4 500					5 000
5 100			5 400		5 600			5 900	
				6 500		6 700			
		8 300				8 700			
	9 200								10 000

2 Wie heißen die fehlenden Zahlen?

8 100		
	9 300	

		4 800
5 600		

1 Runde auf Tausender.

3 000 ———————————————————————————— 4 000

a) 3 100 ≈ _____   b) 3 400 ≈ _____   c) 3 020 ≈ _____

  3 280 ≈ _____   3 950 ≈ _____   3 510 ≈ _____

  3 550 ≈ _____   3 390 ≈ _____   3 490 ≈ _____

  3 090 ≈ _____   3 890 ≈ _____   3 600 ≈ _____

2 Runde auf Hunderter.

6 000 ———————————————————————————— 7 000

a) 6 110 ≈ _____   b) 6 370 ≈ _____   c) 6 790 ≈ _____

  6 560 ≈ _____   6 530 ≈ _____   6 840 ≈ _____

  6 820 ≈ _____   6 710 ≈ _____   6 910 ≈ _____

  6 490 ≈ _____   6 290 ≈ _____   6 180 ≈ _____

3 Runde. Male das Lösungsfeld aus. Wie heißt das Lösungswort?

a)

Runde auf Tausender	
7 700	
2 350	
3 585	
1 292	
5 499	
5 502	
2 710	

b)

Runde auf Hunderter	
2 480	
1 240	
4 661	
5 173	
3 250	
6 839	
9 261	

c)

Runde auf Hunderter	
2 830	
4 871	
3 089	
5 845	
7 267	
2 715	
6 975	

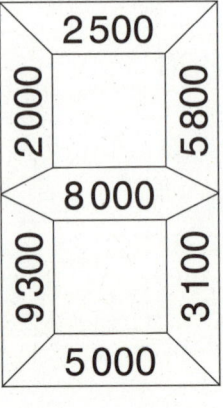

2 500 / 2 000 / 5 800 / 8 000 / 9 300 / 3 100 / 5 000

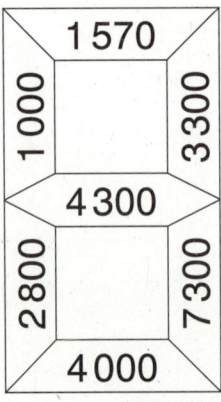

1 570 / 1 000 / 3 300 / 4 300 / 2 800 / 7 300 / 4 000

6 000 / 5 200 / 4 600 / 2 610 / 7 000 / 6 900 / 1 200

3 200 / 4 700 / 2 700 / 3 000 / 4 900 / 6 800 / 9 020

1

a) $4500 + \quad 20 =$ _____

$4500 + \quad 200 =$ _____

$4500 + 2000 =$ _____

b) $5800 + \quad 40 =$ _____

$5800 + \quad 400 =$ _____

$5800 + 4000 =$ _____

2 Wie viele Pakete sind es insgesamt?

_____

3 Die Zahlen in jedem Stockwerk ergeben zusammen die Zahl im Dach.

a)

6000	
4000	
	500
5700	
	3400

b)

7000	
3000	
	300
2500	
	5900

c)

4600	
3600	
	700
3800	
	2400

4

a)

1400	1500	2300

b)

3500	
2300		1300

c)

8300
4800
1100

5 Schreibe neben die Ergebnisse die zugehörigen Buchstaben.

a) $4200 + \quad 600 =$ _____ ___

$2400 + 1300 =$ _____ ___

$1300 + 2300 =$ _____ ___

$7900 - 2300 =$ _____ ___

$5900 - 1200 =$ _____ ___

b) $2800 + \quad 800 =$ _____ ___

$2900 + 1800 =$ _____ ___

$7800 - 1900 =$ _____ ___

$8400 - 1500 =$ _____ ___

$9300 - 3600 =$ _____ ___

3600	3700	4700	4800	5600	5700	5900	6900
P	U	R	S	E	I	O	F

1 Die Pop-Band *Vier wilde Mädchen* gab Konzerte in 5 Städten.
a) Runde die Besucherzahlen in der Tabelle auf Hunderter.
b) Zeichne zu den gerundeten Zahlen ein Säulendiagramm.

	Auberg	Elfau	Dauen	Eichau	Neburg
Besucherzahlen	1248	1556	1971	987	1738
Gerundet auf Hunderter					

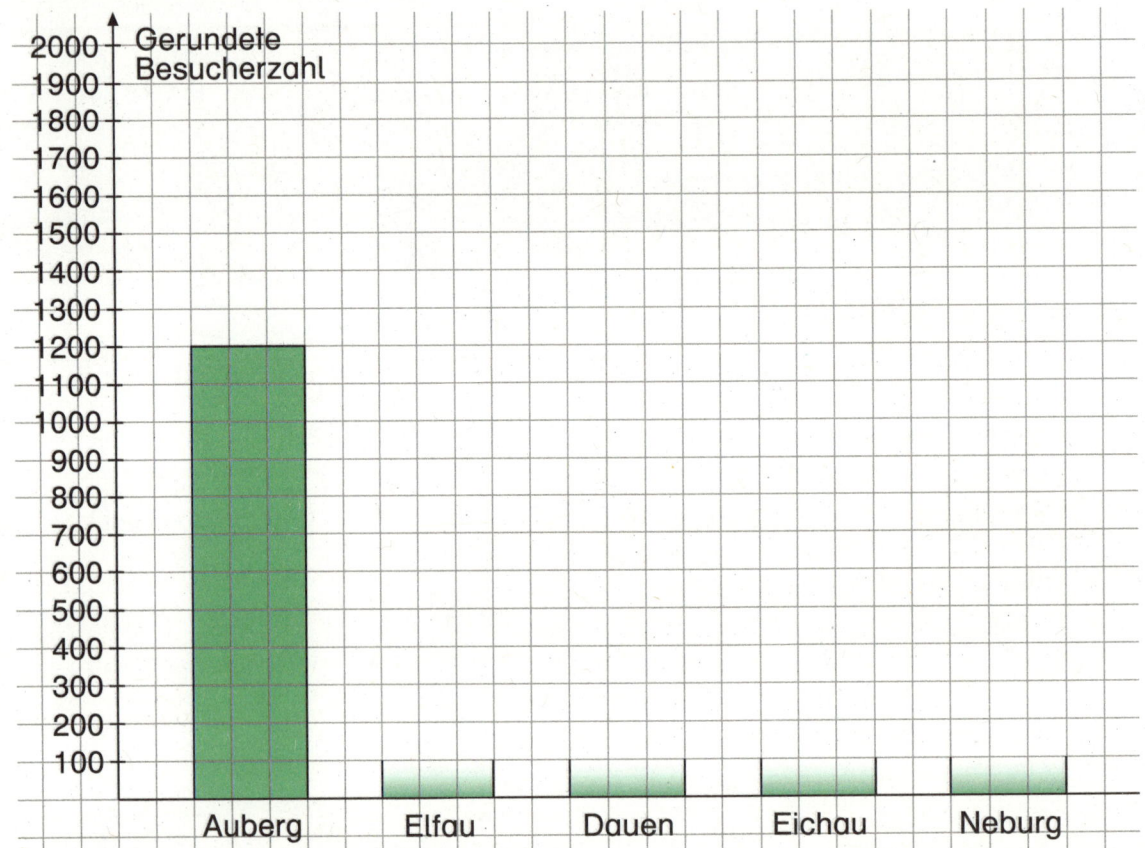

2 a) Am meisten Besucher waren es in _____.

b) Am wenigsten Besucher waren es in _____.

c) Mehr Besucher als in Elfau waren es in _____ und in _____.

3 Welche Aufgabe passt zum Text? Verbinde und rechne aus.

Von den insgesamt 7 500 Besuchern der Konzerte waren 550 jünger als 25 Jahre.

$7\,500 + 550 =$ _____

Von der ersten CD wurden 7 500 Stück verkauft, von der zweiten CD 550 mehr.

$7\,500 - 550 =$ _____

1 Addiere die 3 Ergebnisse. Du erhältst eine besondere Zahl.

a)
	T	H	Z	E
		4	6	0
+	1	6	8	9

b)
	T	H	Z	E
	2	7	5	5
+	1	7	4	3

c)
	T	H	Z	E
		5	8	0
+	2	7	7	3

		T	H	Z	E
Ergebnis a)					
Ergebnis b)	+				
Ergebnis c)	+				
	---	---	---	---	---

2 Schreibe untereinander und addiere.

a) 2751 + 3893
b) 3284 + 5239
c) 2075 + 3750

d) 3894 + 853
e) 637 + 2823
f) 5072 + 3228

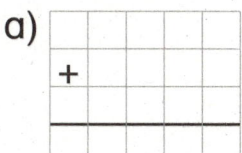
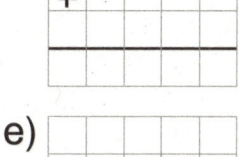
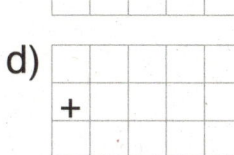
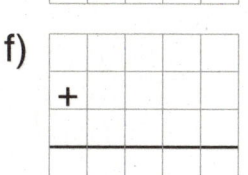

3 Rechne im Heft. Male die Lösungsfelder farbig aus.

a) 4758 + 3385
   5672 + 3782
   2710 + 3062
   7835 + 825

b) 4670 + 5108
   3577 + 1899
   5188 + 3408
   1052 + 798

c) 1275 + 1891
   4721 + 2140
   5791 + 1264
   3219 + 277

d) 3670 + 2563 + 345
   4820 + 2170 + 731
   507 + 1751 + 2099
   3567 + 3510 + 442

e) 7268 + 21 + 1270
   3084 + 2380 + 457
   2700 + 4215 + 156
   4170 + 2730 + 1136

0–4000
 gelb

4001–7000
 rot

7001–8000
blau

8001–10000
braun

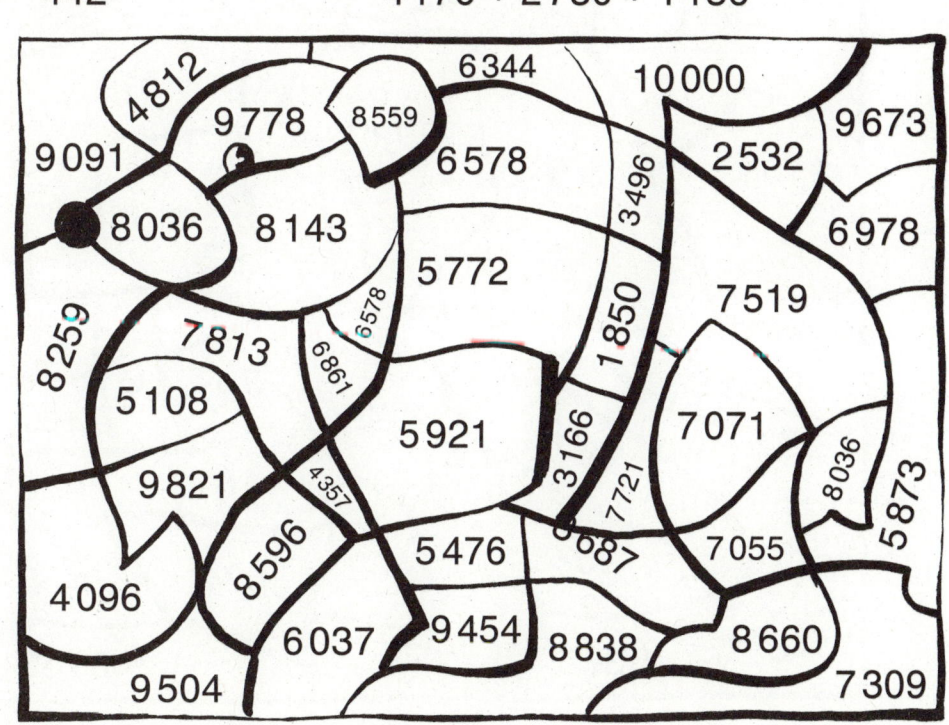

1 Subtrahiere. Bilde dann die Summe deiner Ergebnisse.

a)
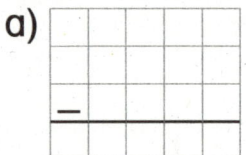

b)
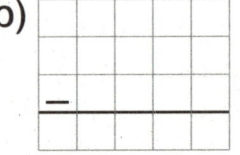

c)
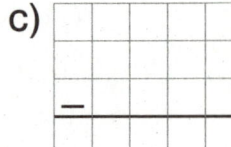

	T	H	Z	E
Ergebnis a)				
Ergebnis b) +				
Ergebnis c) +				

2 Schreibe untereinander und subtrahiere.

a) 5 892 – 2 729

b) 3 952 – 1 860

c) 4 084 – 2 790

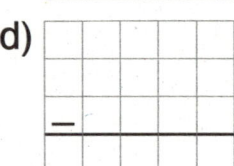
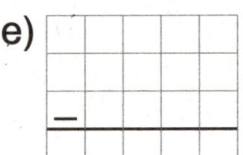
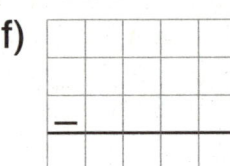

d) 2 705 –   925

e) 7 217 – 2 508

f) 9 274 –   891

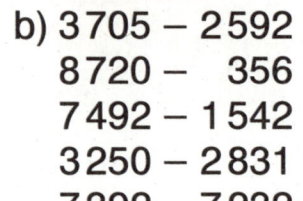
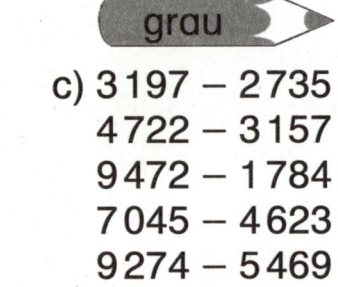

3 Rechne im Heft. Male die Lösungsfelder farbig aus.

gelb   rot   grau

a) 4 728 – 2 318
   2 897 – 1 058
   5 803 – 2 533
   4 251 –   784
   4 368 – 2 718

b) 3 705 – 2 592
   8 720 –   356
   7 492 – 1 542
   3 250 – 2 831
   7 392 – 7 232

c) 3 197 – 2 735
   4 722 – 3 157
   9 472 – 1 784
   7 045 – 4 623
   9 274 – 5 469

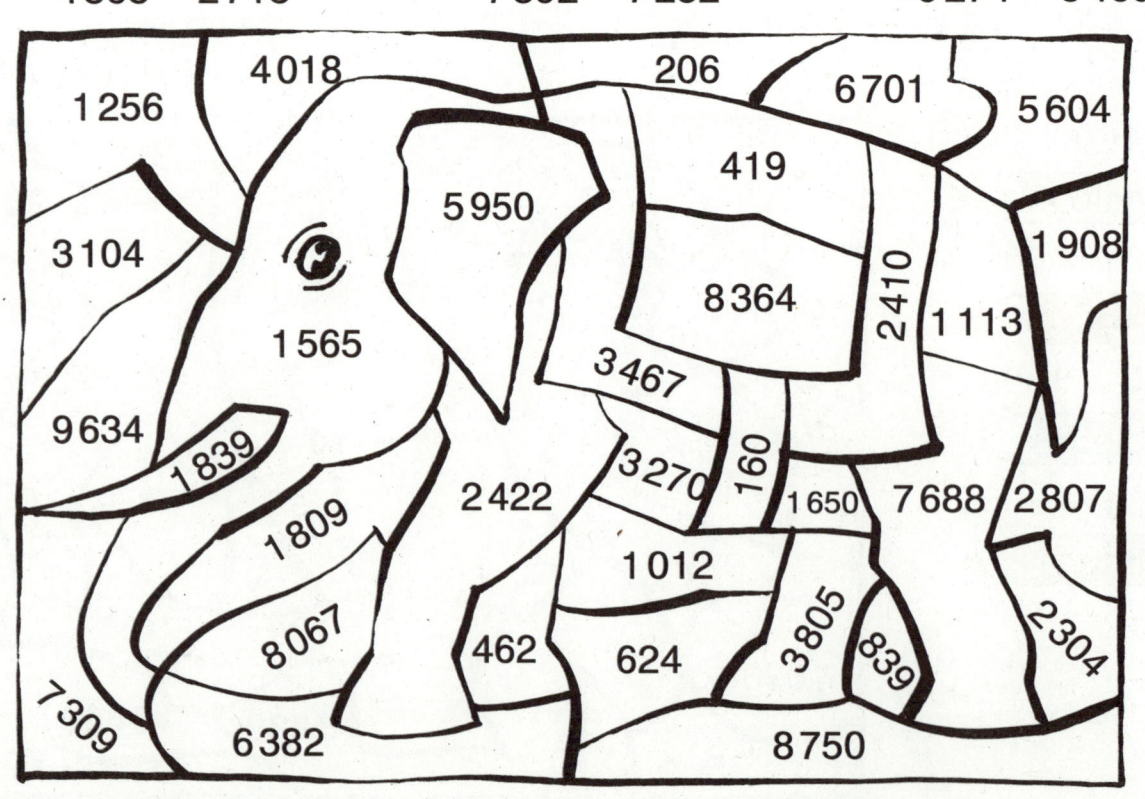

1 Rechne im Heft.
Trage die Ergebnisse und die zugehörigen Buchstaben ein.

a) 3255 + 1745 = _____ __   b) 3766 − 2951 = _____ __

6980 + 256 = _____ __   3748 − 2041 = _____ __

3519 + 1004 = _____ __   4849 − 1370 = _____ __

4183 + 2719 = _____ __   3895 − 3135 = _____ __

5932 + 1749 = _____ __   6753 − 5493 = _____ __

4306 + 3817 = _____ __   8809 − 4235 = _____ __

760	815	1260	1707	3479	4523	4574	5000	6902	7236	7681	8123
O	E	P	R	K	H	F	S	L	C	A	U

2 Rechne im Heft. Ordne die Ergebnisse der Größe nach.
Beginne mit der kleinsten Zahl. Du erhältst ein Lösungswort.

| I | 7731 − 780 | | T | 8917 − 2025 | | H | 5083 + 1725 |

| G | 5207 + 3466 | | C | 4815 + 1257 |

| I | 5563 − 1157 | | R | 1892 + 612 |

3 Ergänze die fehlenden Ziffern.

a)
```
    4 7 3 1
  + 1   4
  ─────────
    6 2   5
```

b)
```
    2   7
  + 5 4   2
  ─────────
    7 7 9 0
```

c)
```
    5 7   3
  − 2 4 6
  ─────────
    3   1 0
```

d)
```
    2 7 3
  − 1   9 3
  ─────────
    1 2   5
```

4 a)
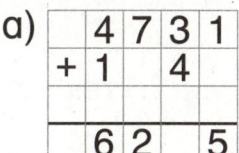

b)
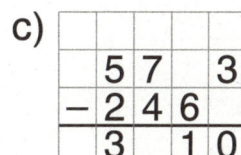

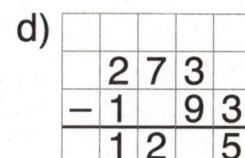

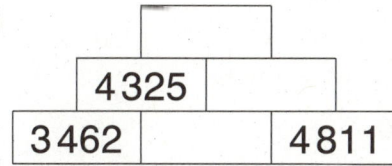

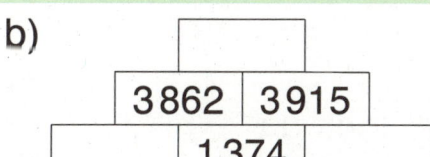

c)
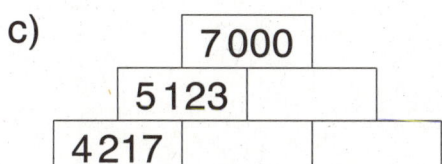

d)
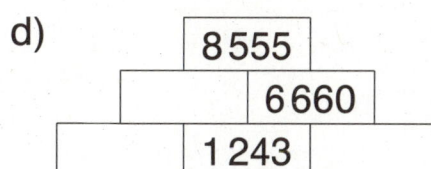

1

a) 3 km = _____ m   1 km = _____ m   4 km = _____ m

b) 7 km = _____ m   6 km = _____ m   9 km = _____ m

2

a) 1 000 m = ____ km   5 000 m = ____ km   2 000 m = ____ km

b) 6 000 m = ____ km   9 000 m = ____ km   8 000 m = ____ km

3

a) 1 600 m = __ km _____ m   1 850 m = __ km _____ m

b) 2 060 m = __ km _____ m   5 005 m = __ km _____ m

4

1 km 96 m			2 km 8 m		
1,096 km	1,505 km			0,753 km	
1 096 m		3 050 m			4 001 m

5

a) 1,985 km = _____ m   b) 8,005 km = _____ m

4,107 km = _____ m   0,777 km = _____ m

5,065 km = _____ m   0,055 km = _____ m

6 Immer drei Längenangaben sind gleich.
Färbe sie mit der gleichen Farbe.

a)
6 700 m		6 km 70 m

| 6,070 km | | 6 007 m |

| 6 km 7 m | | 6,700 km |

| 6 070 m | | 6,007 km |

| 6 km 700 m |

b)
| 2,098 km | | 2 980 m |

| 2,890 km | | 2 km 98 m |

| 2,980 km | | 2 890 m |

| 2 km 890 m | | 2 km 980 m |

| 2 098 m |

7 Wie viel fehlt an 1 km?

a)
500 m	
	900 m
580 m	
	430 m

1 km

b)
50 m	
	985 m
799 m	
	190 m

1 km

Gewicht
Gramm – Kilogramm

1 Verbinde.

a)

| 180 g | 3 g | 60 g | 350 g |

b)

| 1 kg | 10 kg | 38 kg | 3 kg |

2

a) 4 kg = _____ g

5 kg = _____ g

2 kg = _____ g

3 kg = _____ g

b) 2 kg 850 g = _____ g

1 kg 275 g = _____ g

3 kg 105 g = _____ g

5 kg 50 g = _____ g

3

a) 3 428 g = _____ kg

1 050 g = _____ kg

2 780 g = _____ kg

4 070 g = _____ kg

2 005 g = _____ kg

b) 1,375 kg = _____ g

2,100 kg = _____ g

3,060 kg = _____ g

4,250 kg = _____ g

1,007 kg = _____ g

4

4 kg 372 g	1 kg 489 g			6 kg 320 g
4,372 kg		3,821 kg		
4 372 g			2 500 g	

5 Ordne nach der Größe. Beginne mit dem kleinsten Gewicht.
Du erhältst ein Lösungswort.

a)

| 3,058 kg | S | | 3,580 kg | A |

| 3,805 kg | R | | 3,850 kg | K |

| 3,508 kg | T |

b)

| 1020 g | G | | 3,284 kg | M |

| 2840 g | M | | 2,480 kg | A |

| 2 kg 48 g | R |

____ ____ ____ ____ ____

1 Wie schwer sind die Waren?

a)

b)

c)

d)

e)

f)

2 Immer zwei Gewichte ergeben zusammen 1 kg.
Färbe die beiden Karten mit der gleichen Farbe.

a)

900 g	250 g	850 g
400 g	600 g	150 g
750 g	100 g	

b)

350 g	200 g	520 g
930 g	800 g	480 g
650 g	70 g	

3

a) 550 g + ___ g = 1 kg

70 g + ___ g = 1 kg

___ g + 920 g = 1 kg

b) 1,950 kg + ___ g = 2 kg

1,570 kg + ___ g = 2 kg

___ g + 1,750 kg = 2 kg

4

	Pfirsiche 800 g	Pilze 200 g	Spagetti 500 g	Riesen-Schoko 300 g	Erbsen 450 g
Anzahl	3	5	5	4	2
Gesamtgewicht in kg					

1

a) 1 t = _____ kg

2 t = _____ kg

5 t = _____ kg

b) 1 t 400 kg = _____ kg

3 t 200 kg = _____ kg

2 t 250 kg = _____ kg

c) 2 t 152 kg = _____ kg

4 t 50 kg = _____ kg

1 t 75 kg = _____ kg

d) 1,800 t = _____ kg

1,040 t = _____ kg

2,750 t = _____ kg

2

1 t 470 kg	2 t 390 kg			
1,470 t		3,620 t		4,800 t
1 470 kg			5 780 kg	

3 Ordne nach der Größe. Beginne mit dem kleinsten Gewicht.
Du erhältst ein Lösungswort.

a)

3,580 t	T		5,830 t	N
8,530 t	E		5,380 t	N
3,850 t	O			

b)

1,900 t	A		1 t 500 kg	A
2 t 40 kg	G		1,050 t	W
2,400 t	E			

___ ___ ___ ___ ___   ___ ___ ___ ___ ___

4 Die Kisten wiegen zusammen 1 t. Ergänze das fehlende Gewicht.

a)
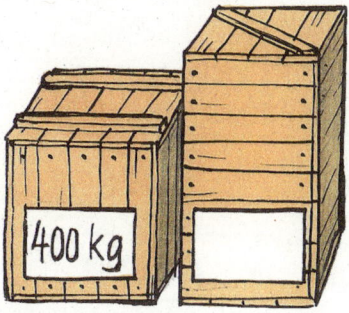
400 kg

b)

560 kg

c)
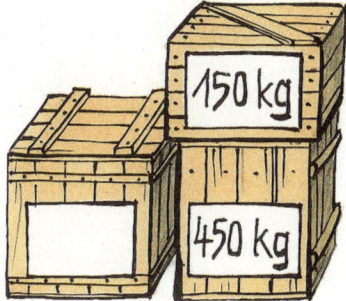
150 kg
450 kg

5 Welche Aufgabe passt zum Text? Verbinde und rechne aus.

Ein Lieferwagen darf 1 t laden.
Eine 650 kg schwere Kiste ist
schon aufgeladen.

1 000 kg + 650 kg = ____ kg

Von einem Lieferwagen wird eine
650 kg schwere Kiste abgeladen.
Die übrige Ladung wiegt 1 t.

650 kg + ____ kg = 1 000 kg

1

a) 5 ·   20 = _____   b) 2 ·   40 = _____   c) 3 ·   300 = _____

5 ·   200 = _____   2 · 4000 = _____   3 ·   30 = _____

5 · 2000 = _____   2 ·   400 = _____   3 · 3000 = _____

2 Male die Lösungsfelder aus.

3 · 300 = _____   8 ·   400 = _____   4 · 2000 = _____

6 · 20 = _____   3 ·   700 = _____   9 ·   400 = _____

3 · 800 = _____   5 ·   400 = _____   6 ·   500 = _____

9 · 30 = _____   7 ·   200 = _____   8 ·   600 = _____

2 · 90 = _____   4 ·   700 = _____   7 ·   800 = _____

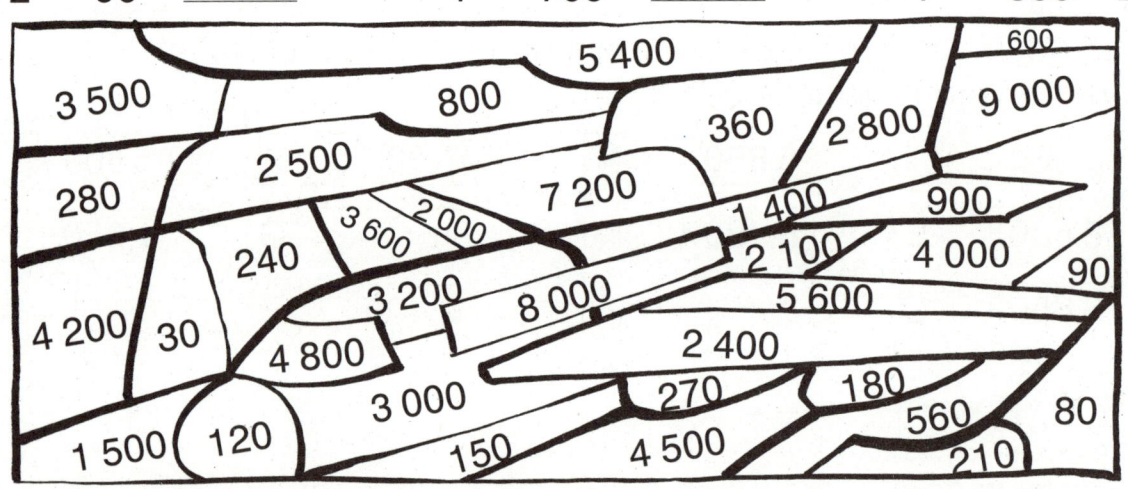

3 Verbinde mit dem richtigen Ergebnis.

a)

5 · 20	400
7 · 400	100
8 · 50	6000
3 · 2000	2800

b)

6 · 200	1200
5 · 80	560
4 · 900	400
8 · 70	3600

c)

3 · 800	4000
6 · 70	2400
8 · 500	420
4 · 2000	8000

4 a)

	· 4	· 8
200		
500		
600		
400		

b)

	· 6	· 7
300		
700		
900		
400		

1

a)   16 : 2 = _____   b)   280 : 7 = _____   c)   12 : 4 = _____

160 : 2 = _____   28 : 7 = _____   1 200 : 4 = _____

1 600 : 2 = _____   2 800 : 7 = _____   120 : 4 = _____

2 Wenn du die erste Aufgabe gelöst hast, ist die zweite Aufgabe leicht.

a) 2 400 : 3 = _____   b) 3 600 : 4 = _____   c) 4 500 : 5 = _____

2 400 : 8 = _____   3 600 : 9 = _____   4 500 : 9 = _____

3 Male die Lösungsfelder aus.

400 : 4 = _____   180 : 3 = _____

2 000 : 5 = _____   350 : 5 = _____

120 : 6 = _____   280 : 7 = _____

4 000 : 8 = _____   1 800 : 9 = _____

70 : 7 = _____   4 900 : 7 = _____

3 600 : 6 = _____   2 700 : 3 = _____

1 200 : 4 = _____   640 : 8 = _____

1 600 : 2 = _____   150 : 3 = _____

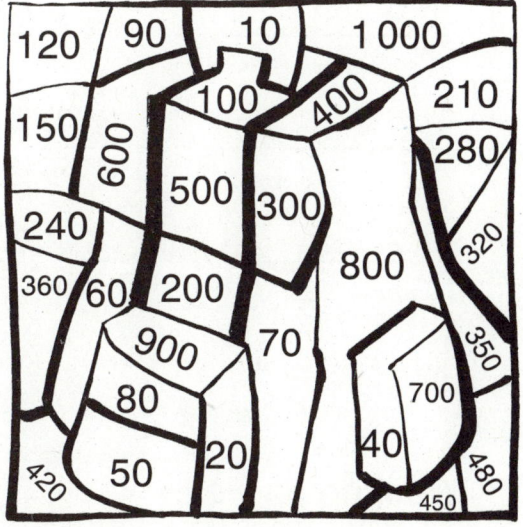

4 Verbinde mit dem richtigen Ergebnis.

a)
900 : 3	60
1 500 : 3	8
180 : 3	300
24 : 3	500

b)
35 : 5	200
2 500 : 5	7
1 000 : 5	100
500 : 5	500

c)
1 200 : 6	600
30 : 6	70
3 600 : 6	5
420 : 6	200

5 Was fällt dir auf?

a)
	: 4	: 8
160		
3 200		
240		

b)
	: 6	: 3
2 400		
600		
1 800		

1
a) 2 3 1 · 2   b) 2 0 2 · 4   c) 2 1 3 · 3   d) 2 1 2 · 4

2
a) 3 6 4 · 2   b) 4 7 2 · 3   c) 1 6 5 · 5   d) 2 3 9 · 3

3
a) 5 0 3 · 3   b) 3 2 4 · 4   c) 4 2 6 · 5   d) 2 9 4 · 3

4 Ordne die Ergebnisse nach der Größe. Beginne mit der kleinsten Zahl. Es entsteht jeweils ein Wort.

a) 4 1 2 · 6   b) 2 5 6 · 8   c) 8 9 0 · 5   d) 1 3 1 4 · 6
T   A   T   H

276 · 4   430 · 5   798 · 6   4632 · 2
O   N   O   N

345 · 3   283 · 7   476 · 9   2526 · 3
B   K   U   A

753 · 2   627 · 4   506 · 8   1238 · 4
O   U   A   B

_ _ _ _   _ _ _ _   _ _ _ _   _ _ _ _

5 Rechne im Heft.

a)

	· 4	· 7
273		
417		
604		
840		

b)

	· 6	· 3
156		
217		
875		
743		

c)

	· 5	· 8
608		
740		
814		
763		

d)

	· 7	· 9
213		
306		
627		
806		

6 Ergänze die fehlenden Ziffern.

a) 3 ☐ 2 · 3   b) 2 5 ☐ · 4   c) ☐ 4 ☐ · 2   d) 3 ☐ ☐ · 4
    ☐ 3   ☐ ☐ 8   1 0 ☐ 4   ☐ 8 4

1

a) 2 4 · 2 0   b) 3 2 · 3 0   c) 1 2 · 4 0   d) 3 4 · 2 0

2

a) 6 4 · 3 0   b) 5 8 · 4 0   c) 4 5 · 6 0   d) 2 6 · 5 0

3 Ordne die Ergebnisse nach der Größe.
Beginne mit der kleinsten Zahl. Es entsteht jeweils ein Wort.

a) 3 5 · 4 0   b) 7 2 · 6 0   c) 5 3 · 8 0   d) 7 4 · 9 0

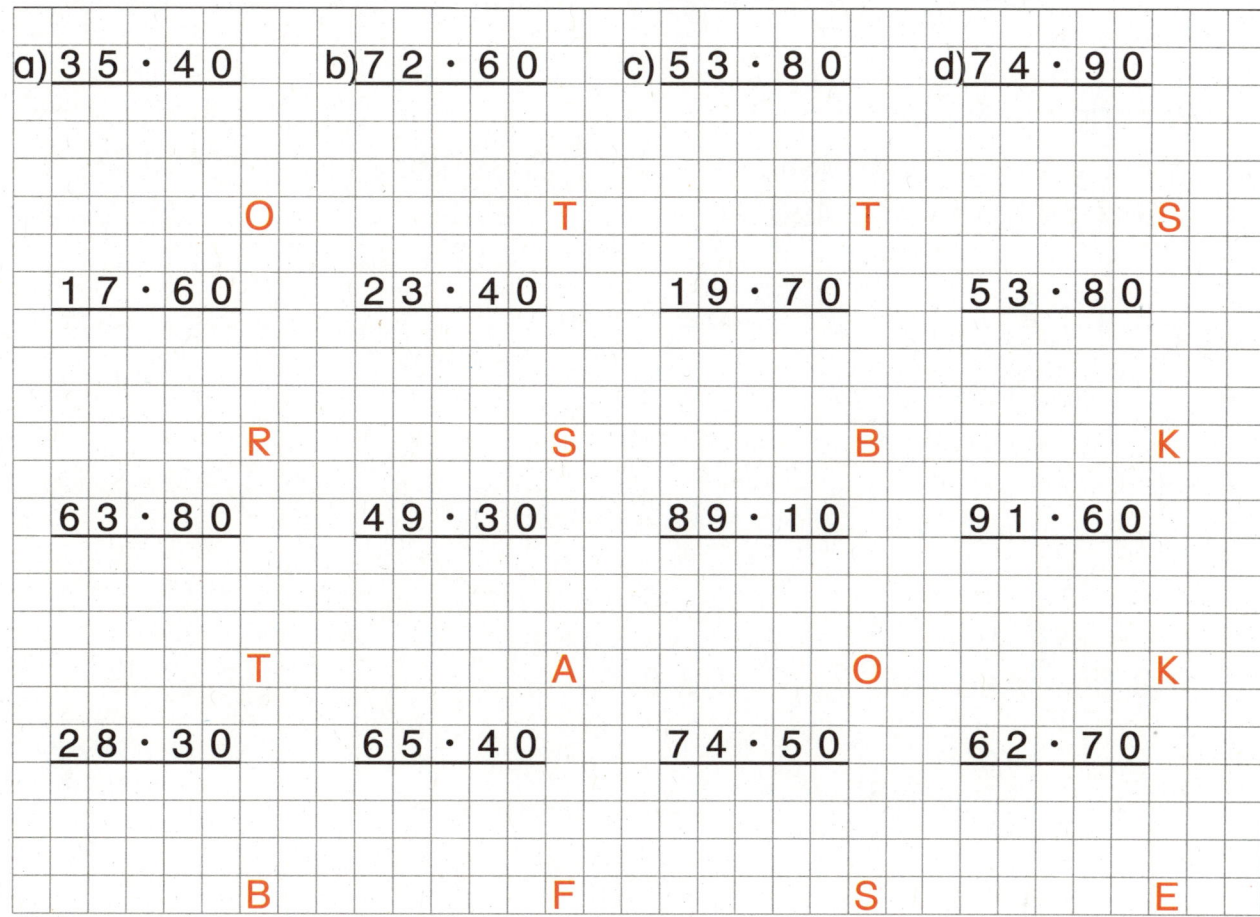

	O		T		T		S
	1 7 · 6 0		2 3 · 4 0		1 9 · 7 0		5 3 · 8 0
	R		S		B		K
	6 3 · 8 0		4 9 · 3 0		8 9 · 1 0		9 1 · 6 0
	T		A		O		K
	2 8 · 3 0		6 5 · 4 0		7 4 · 5 0		6 2 · 7 0
	B		F		S		E

_ _ _ _   _ _ _ _   _ _ _ _

4 Rechne im Heft.

a) 25 · 30   b) 14 · 40   c) 93 · 60   d) 89 · 30
   46 · 50   57 · 20   74 · 80   56 · 40
   39 · 20   65 · 30   82 · 40   18 · 80

1

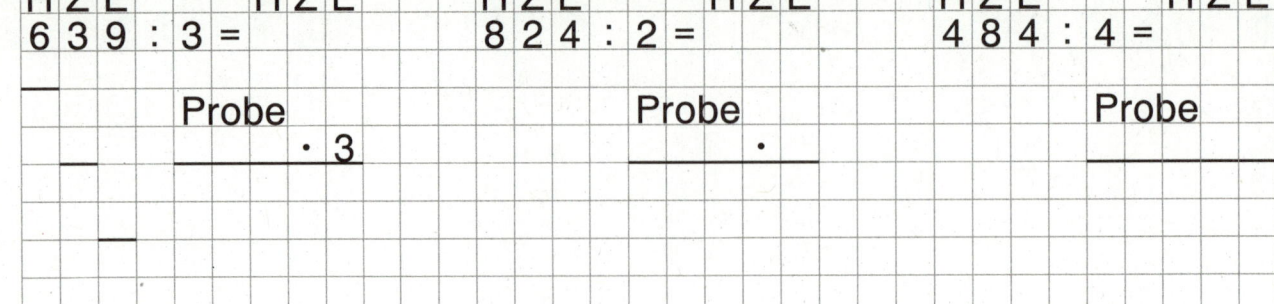

H Z E		H Z E	H Z E		H Z E	H Z E		H Z E
6 3 9 : 3 =			8 2 4 : 2 =			4 8 4 : 4 =		
	Probe			Probe			Probe	
	· 3			·				

2

4 4 8 : 4 =		8 4 6 : 2 =		9 3 9 : 3 =

3 Rechne mit Probe im Heft.

a) 482 : 2   b) 693 : 3   c) 3963 : 3   d) 9663 : 3
    844 : 4   488 : 4   6482 : 2   4848 : 4

4

5 2 4 : 2 =		9 2 8 : 4 =		6 8 5 : 5 =
	Probe		Probe	Probe
	· 2		·	

5

4 3 5 : 5 =		2 3 6 : 4 =		1 7 4 : 3 =
	Probe		Probe	Probe
	· 5		·	

6 Rechne im Heft. Mache die Probe.

a) 415 : 5   b) 258 : 3   c) 5831 : 7   d) 3412 : 4
    574 : 7   855 : 9   1235 : 5   1184 : 8
    675 : 5   792 : 6   7896 : 7   9495 : 9
    416 : 2   936 : 4   4896 : 8   6736 : 8

1 Achte auf die Nullen.

a) 7 5 0 : 3 =   b) 9 5 0 : 5 =   c) 7 2 0 : 4 =

Probe   Probe   Probe
· 3   ·

2 a) 6 6 4 0 : 8 =   b) 4 2 0 7 : 7 =

3 Rechne im Heft. Mache die Probe.

a) 609 : 3   b) 1806 : 6   c) 4800 : 5   d) 5607 : 7
   840 : 6   2240 : 7   2160 : 8   7380 : 9

4 a) 1 6 1 0 : 2 =   b) 1 5 2 5 : 5 =

5 a) 3 6 2 4 : 6 =   b) 4 0 2 4 : 8 =

6 Rechne im Heft. Mache die Probe.

a) 1242 : 6   b) 2781 : 9   c) 3240 : 8   d) 3609 : 3
   3549 : 7   4540 : 5   2804 : 4   8604 : 2
   5684 : 4   3612 : 6   8449 : 7   7029 : 9

1 Was gehört zusammen? Färbe jeweils mit der gleichen Farbe.

Aufgabe	Überschlag	Überschlags-ergebnis	genaues Ergebnis
915 : 3	500 : 5	400	203
798 : 2	3 000 : 6	300	493
535 : 5	900 : 3	100	399
1 421 : 7	800 : 2	200	305
2 958 : 6	1 400 : 7	500	107

2 Rechne im Heft.

a)
918	1 320	3 552	: 6
744	1 152	3 160	: 4

b)
417	1 026	3 432	: 3
532	812	2 016	: 7

3 Jetzt bleibt immer ein Rest.

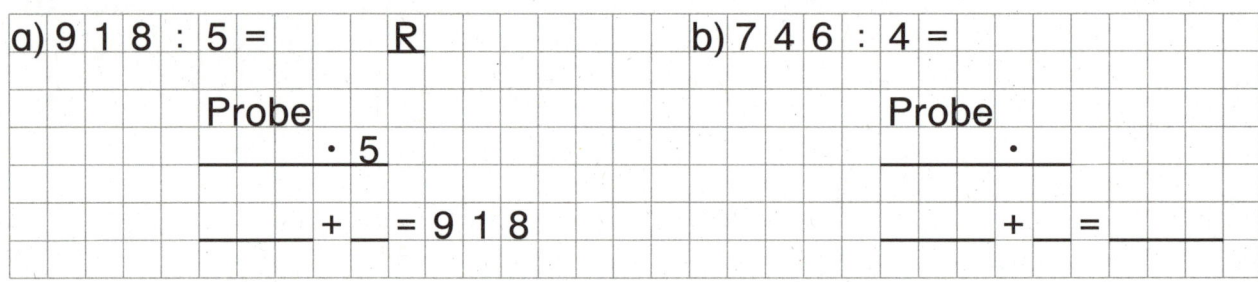

a) 9 1 8 : 5 =   R

Probe
· 5
＿＿＿＿＿
＿＿＿＿＿ + ＿ = 9 1 8

b) 7 4 6 : 4 =

Probe
·
＿＿＿＿＿
＿＿＿＿＿ + ＿ = ＿＿＿＿＿

4

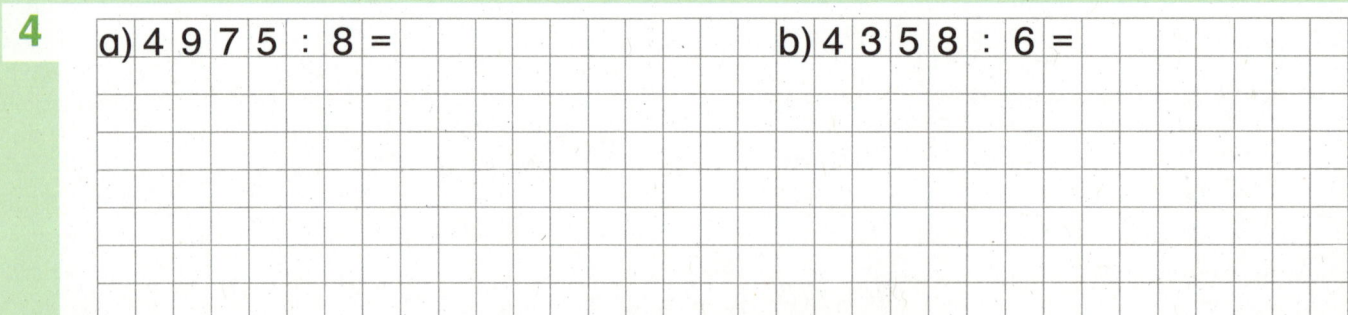

a) 4 9 7 5 : 8 =

b) 4 3 5 8 : 6 =

5 Rechne im Heft. Mache auch die Probe.

a) 506 : 7   b) 1 342 : 3   c) 9 655 : 8   d) 3 244 : 5
   812 : 6   3 071 : 4   1 003 : 3   9 211 : 9

6 Rechne im Heft. Was fällt dir an den Ergebnissen auf?

a) 792 : 8   b) 504 : 9   c) 992 : 4   d) 714 : 6
   7 920 : 8   5 040 : 9   9 920 : 4   7 140 : 6

Male die Lösungsfelder in der angegebenen Farbe aus.

1

a) **rot**

123 · 3 = _____

243 · 2 = _____

214 · 4 = _____

235 · 3 = _____

b) **gelb**

157 · 4 = _____

265 · 3 = _____

346 · 2 = _____

534 · 5 = _____

c) **grün**

625 · 6 = _____

372 · 8 = _____

541 · 7 = _____

386 · 9 = _____

2

a) **rot**

693 : 3 = _____

460 : 2 = _____

1 320 : 4 = _____

7 235 : 5 = _____

b) **gelb**

1 254 : 6 = _____

2 135 : 7 = _____

9 120 : 8 = _____

2 088 : 9 = _____

c) **grün**

1 005 : 3 = _____

2 086 : 7 = _____

5 445 : 5 = _____

3 072 : 4 = _____

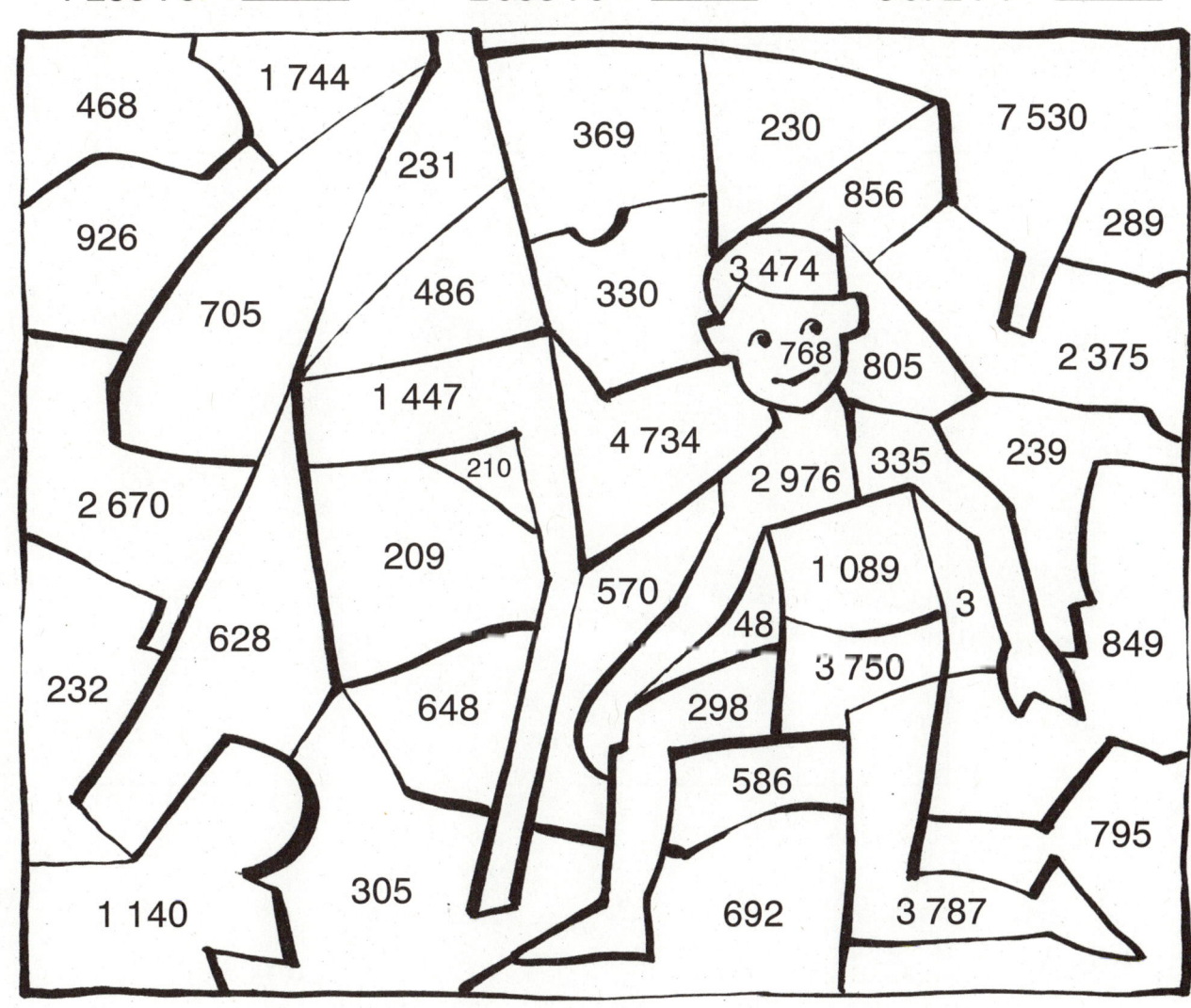

1 Miss die Seitenlängen des Rechtecks. Berechne den Umfang.

a) _____ cm

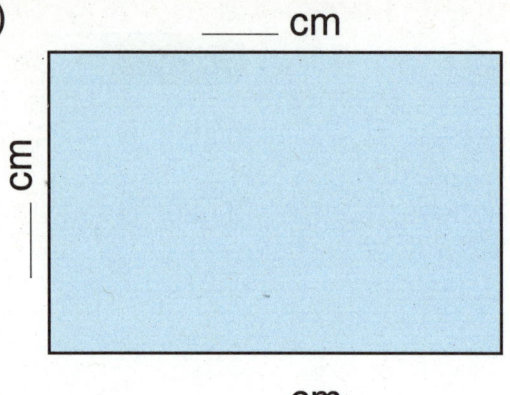

_____ cm

u = _____

u = _____ cm

b) _____ cm

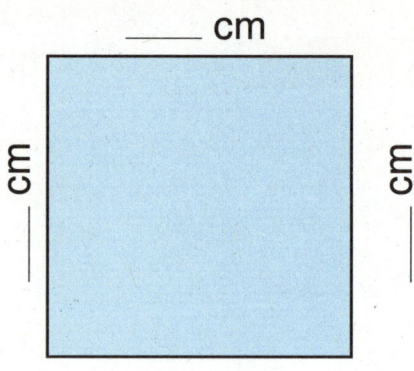

_____ cm

u = _____

u = _____ cm

2 Miss die Seitenlängen. Ergänze zum Rechteck. Berechne den Umfang.

a)

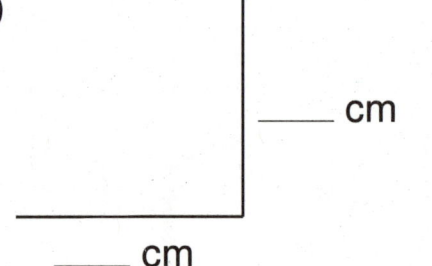

_____ cm

_____ cm

u = _____

u = _____ cm

b)

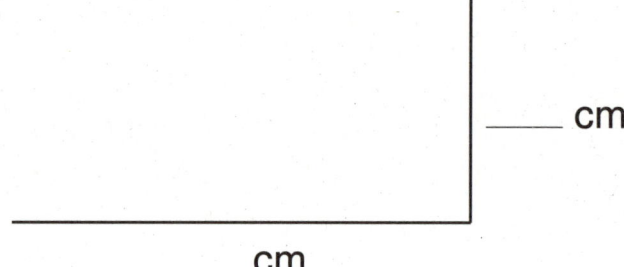

_____ cm

_____ cm

u = _____

u = _____ cm

c)

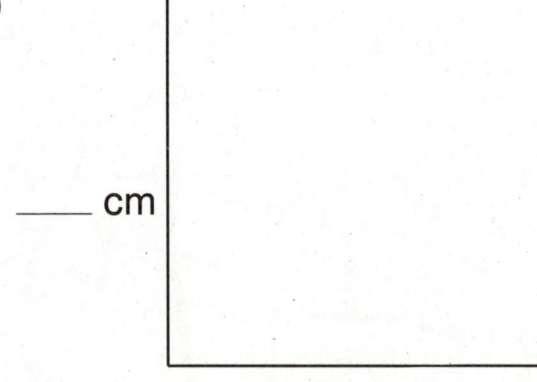

_____ cm

_____ cm

u = _____

u = _____ cm

d)

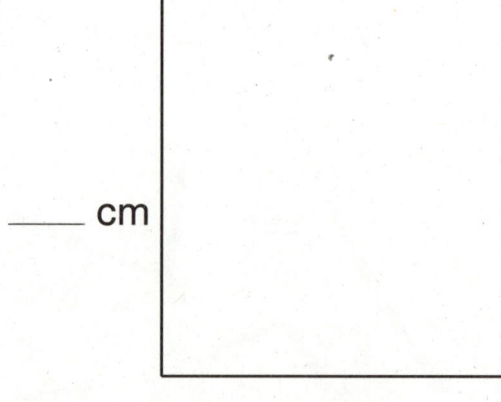

_____ cm

_____ cm

u = _____

u = _____ cm

1 Im Neustadter Tierpark bekommen drei Gehege neue Zäune.
a) Wie viel m Zaun werden für jedes Gehege benötigt?

A

u = _____

u = _____ m

Es werden ____ m Zaun benötigt.

B

u = _____

u = _____ m

Es werden ____ m Zaun benötigt.

C

u = _____

u = _____ m

Es werden ____ m Zaun benötigt.

b) Wie viel m Zaun werden für die drei Gehege zusammen benötigt?

_____

Für alle drei Gehege zusammen werden _____ m Zaun benötigt.

2 Petra möchte ein quadratisches Poster
einrahmen.
Wie viel cm Rahmen braucht sie?

u = _____

Petra braucht ____ cm Rahmen.

3 Zeichne das Rechteck in dein Heft und berechne den Umfang.

	a)	b)	c)	d)	e)	f)
Seite a	6 cm	5 cm	5 cm	3 cm	5 cm	7 cm
Seite b	4 cm	3 cm	7 cm			

1 Paula legt verschiedene Fische aus Dreiecken.
Wie viele Dreiecke braucht sie jeweils? Vergleiche die vier Fische.
Welches ist der größte, welches ist der kleinste Fisch?

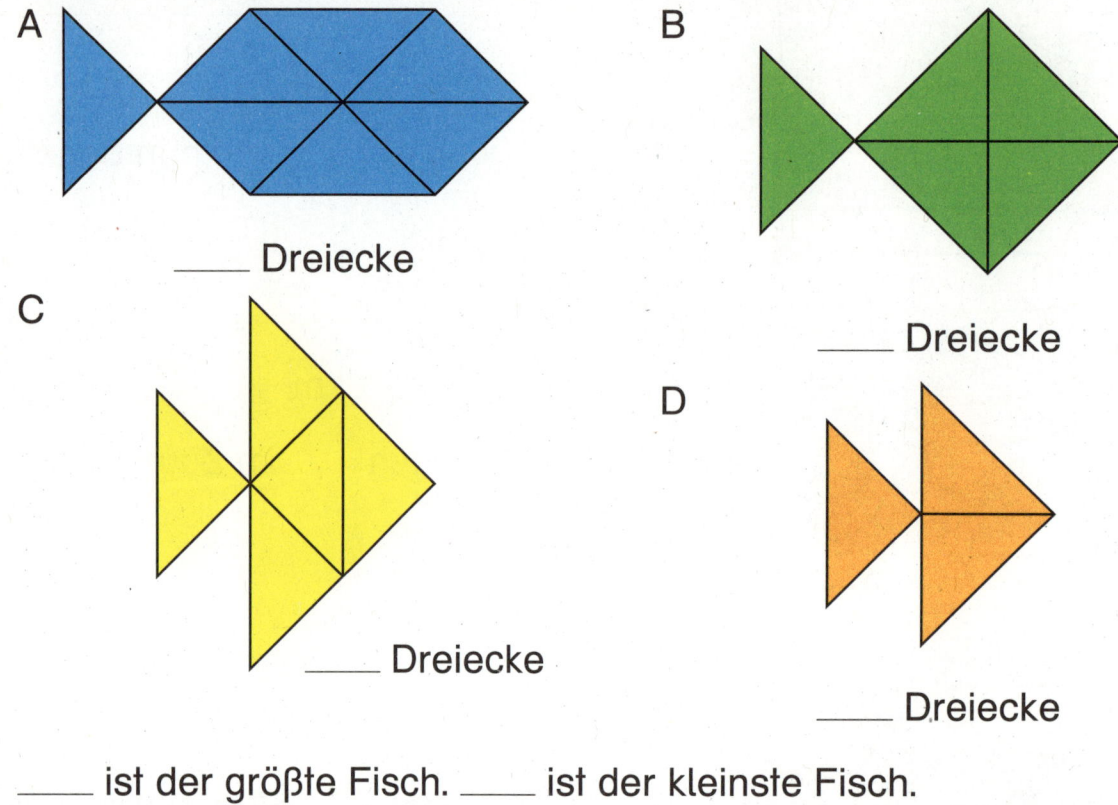

A

_____ Dreiecke

B

_____ Dreiecke

C

_____ Dreiecke

D

_____ Dreiecke

_____ ist der größte Fisch. _____ ist der kleinste Fisch.

2 In einem Mehrfamilienhaus wurden die Bäder neu gefliest.

a) Welche Familie hat das größte Bad?

b) Die Bäder der beiden anderen Familien sind gleich groß. Welche
Familien sind es?

Familie Müller   Familie Meier   Familie Sahib

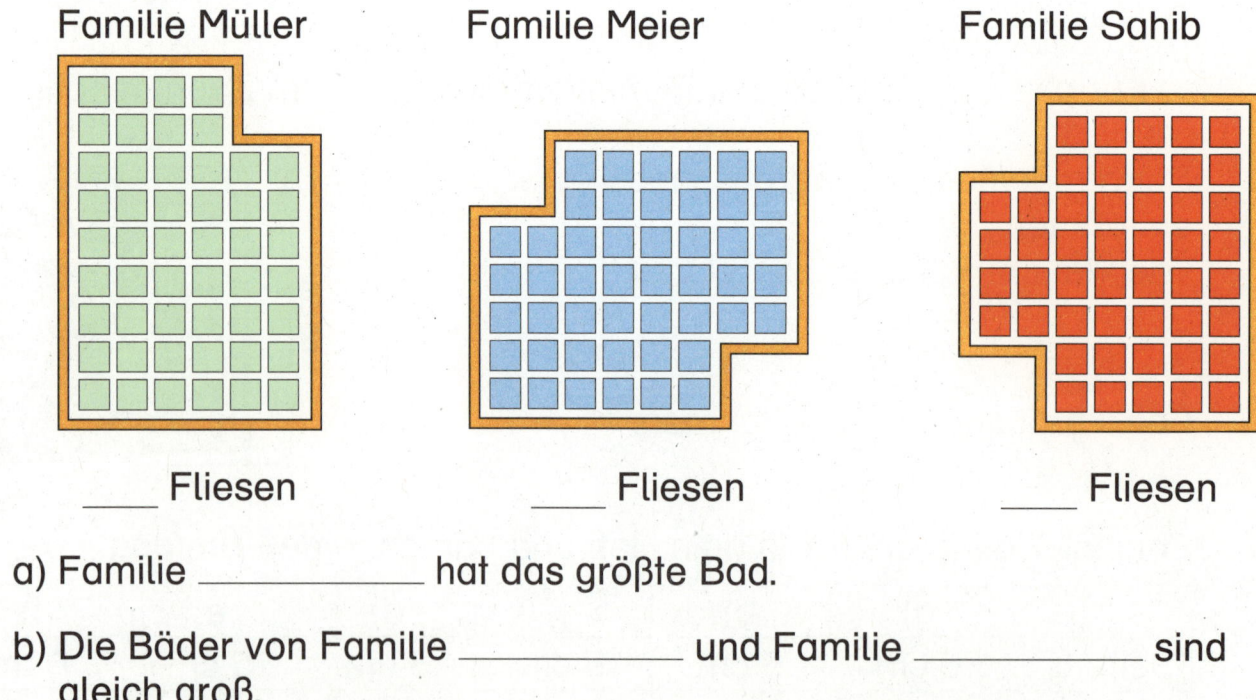

_____ Fliesen   _____ Fliesen   _____ Fliesen

a) Familie _____ hat das größte Bad.

b) Die Bäder von Familie _____ und Familie _____ sind
gleich groß.

1   a) Wie viel cm² sind die Flächen groß?

b) Welche Figur hat den größten Flächeninhalt?

A
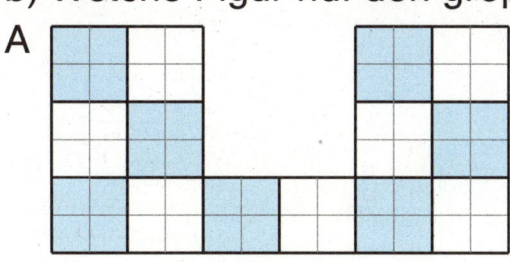

_____ cm²

B
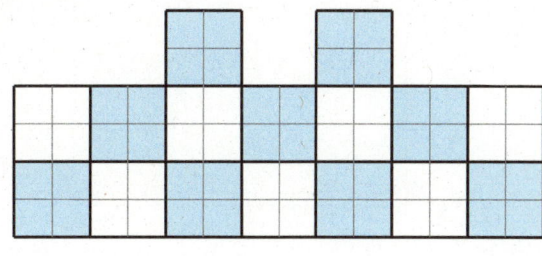

_____ cm²

C
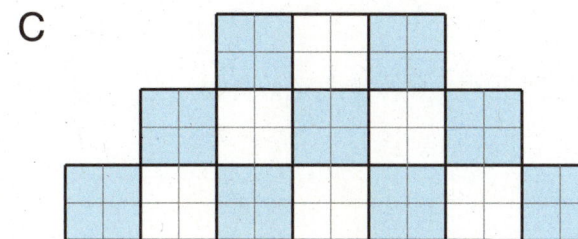

_____ cm²

D
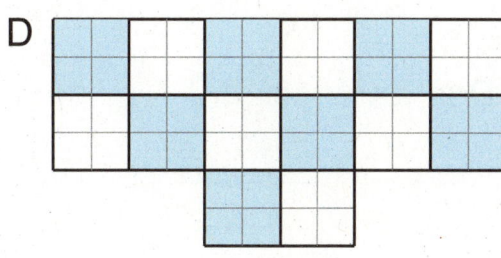

_____ cm²

Figur _____ hat den größten Flächeninhalt.

2   Zeichne verschiedene Figuren mit jeweils 14 cm² Flächeninhalt.

3   Zeichne in deinem Heft drei verschiedene Figuren mit jeweils

a) 16 cm²   b) 18 cm²   c) 20 cm²   d) 24 cm²

1 Teile die Rechtecke in cm² ein.
Wie viel cm² hat jedes Rechteck?

a)
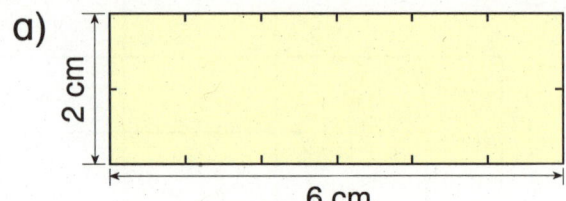

_____ cm² in jeder Reihe

_____ Reihen

Das Rechteck hat _____ cm².

b)
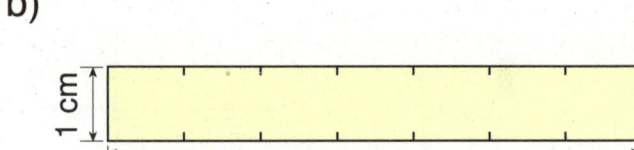

_____ cm² in jeder Reihe

_____ Reihen

Das Rechteck hat _____ cm².

c)
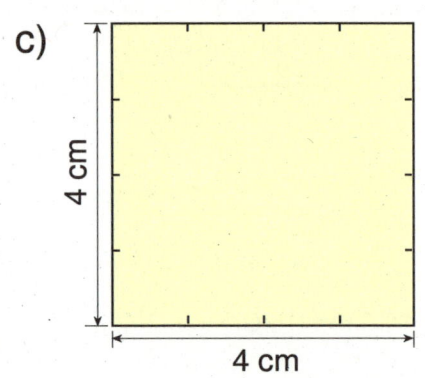

_____ cm² in jeder Reihe

_____ Reihen

Das Rechteck hat _____ cm².

d)
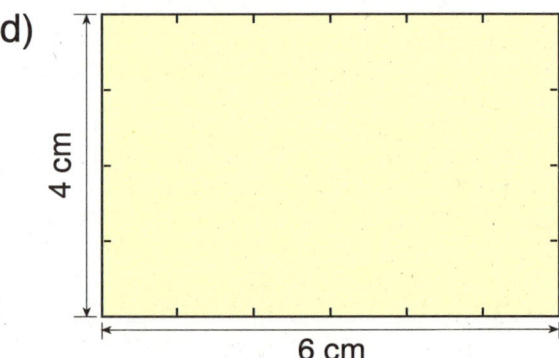

_____ cm² in jeder Reihe

_____ Reihen

Das Rechteck hat _____ cm².

e)
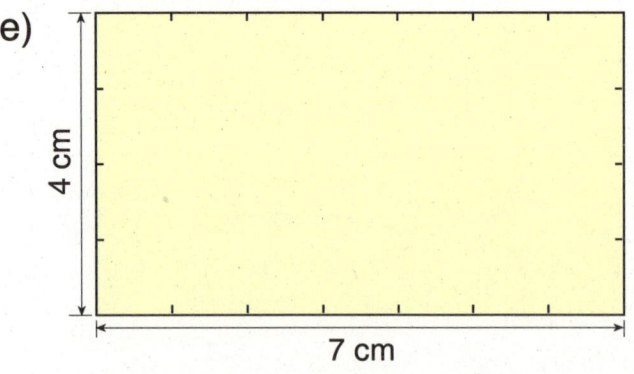

_____ cm² in jeder Reihe

_____ Reihen

Das Rechteck hat _____ cm².

f)
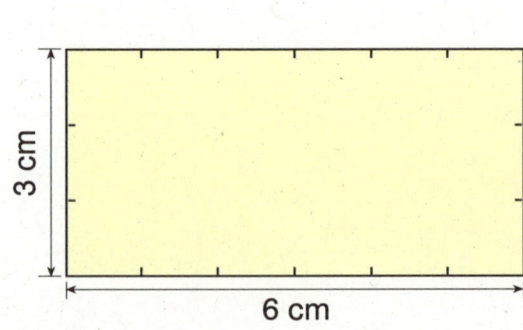

_____ cm² in jeder Reihe

_____ Reihen

Das Rechteck hat _____ cm².

1 Hier sind Rechtecke teilweise verdeckt.
Bestimme den Flächeninhalt.

a)
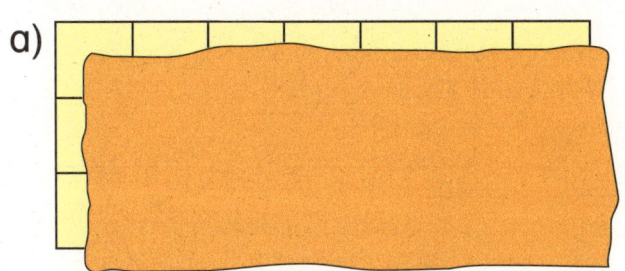

_____ cm² in jeder Reihe

_____ Reihen

Flächeninhalt: _____

b)
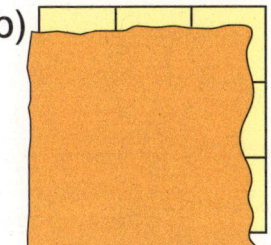

_____ cm² in jeder Reihe

_____ Reihen

Flächeninhalt: _____

c)
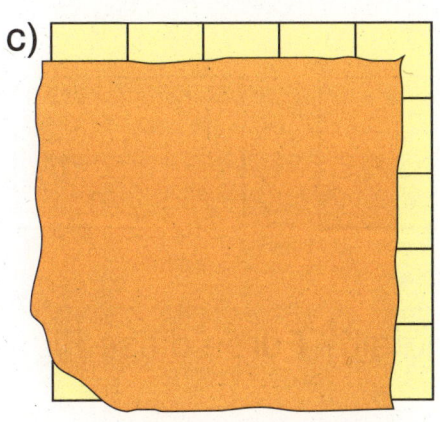

_____ cm² in jeder Reihe

_____ Reihen

Flächeninhalt: _____

d)

_____ cm² in jeder Reihe

_____ Reihen

Flächeninhalt: _____

e)
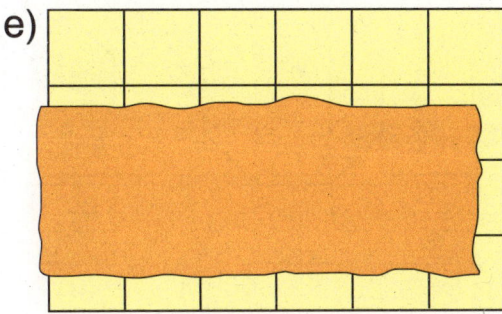

_____ cm² in jeder Reihe

_____ Reihen

Flächeninhalt: _____

f)
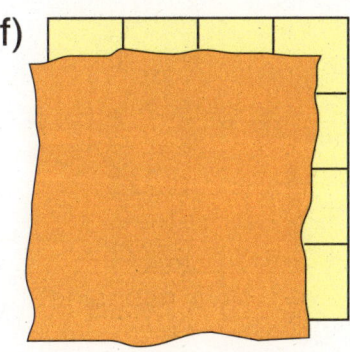

_____ cm² in jeder Reihe

_____ Reihen

Flächeninhalt: _____

1 Halbiere, dann färbe eine Hälfte.

2 Drei der Rechtecke werden durch die rote Linie halbiert. Färbe eine Hälfte.

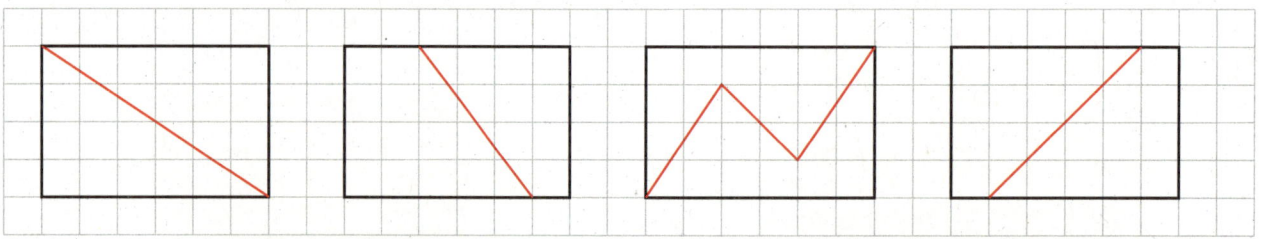

3 Welche Figuren sind in gleich große Teile geteilt? Färbe diese Figuren.
Trage den Buchstaben unten ein.

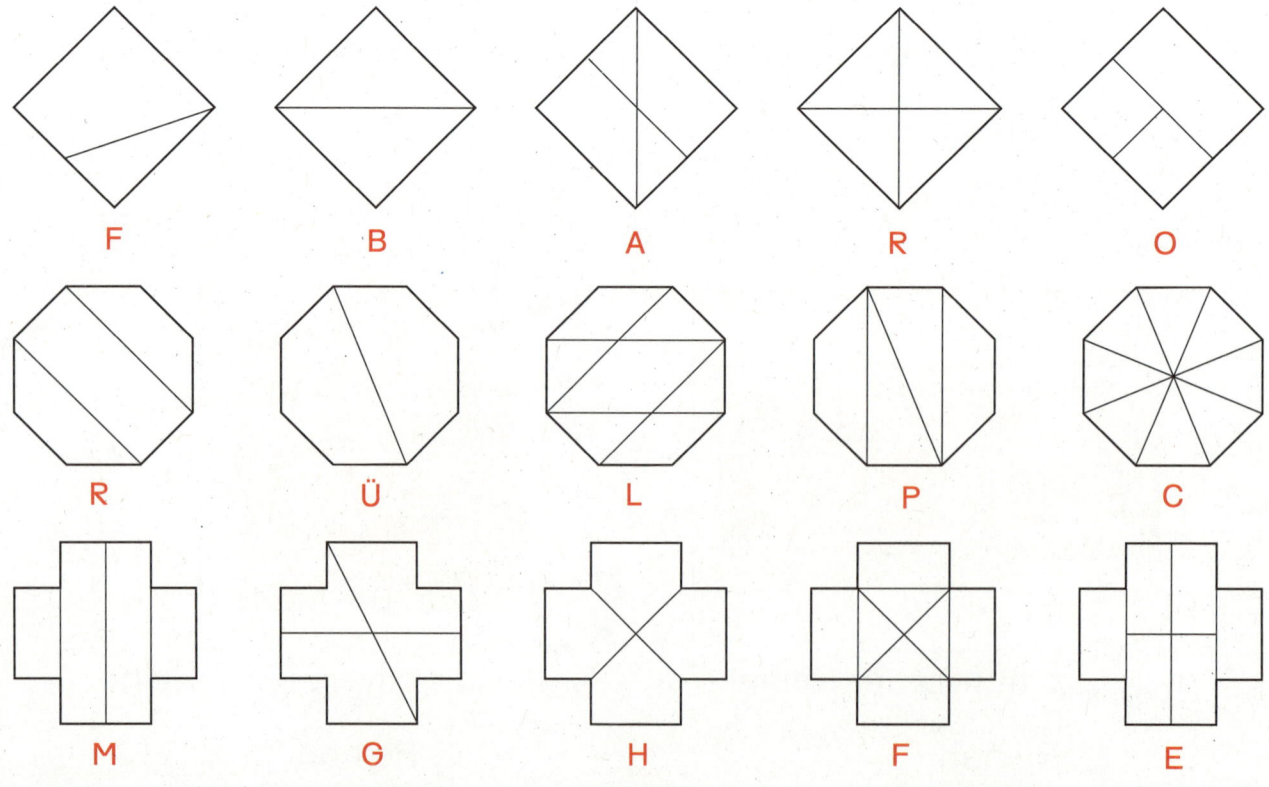

Lösungswort: ___ ___ ___ ___ ___

1 Welche Bruchteile sind hier dargestellt?

a) 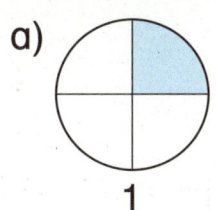   b) 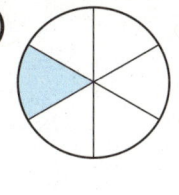   c) 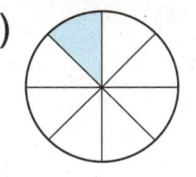   d) 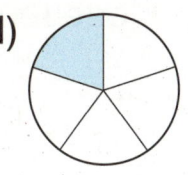   e)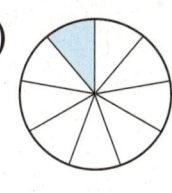

$\frac{1}{4}$ —   —   —   —

f) 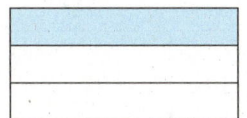   g) 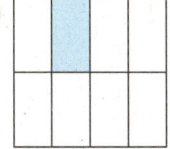   h) 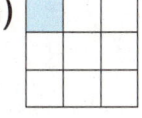   i)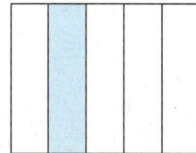

—   —   —   —

2 Färbe einen Bruchteil. Schreibe auf.

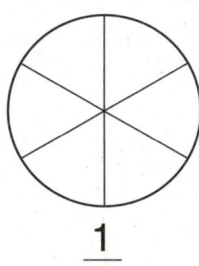   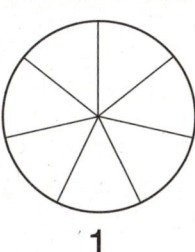      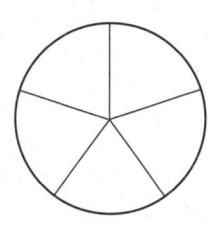   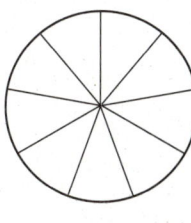

$\frac{1}{6}$ $\frac{1}{}$ —   —   —

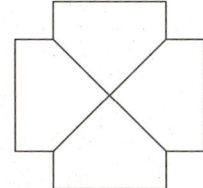   

—   —   —   —   —

3 Finde verschiedene Möglichkeiten, das Quadrat in 4 gleich große Teile zu teilen. Färbe jeweils $\frac{1}{4}$.

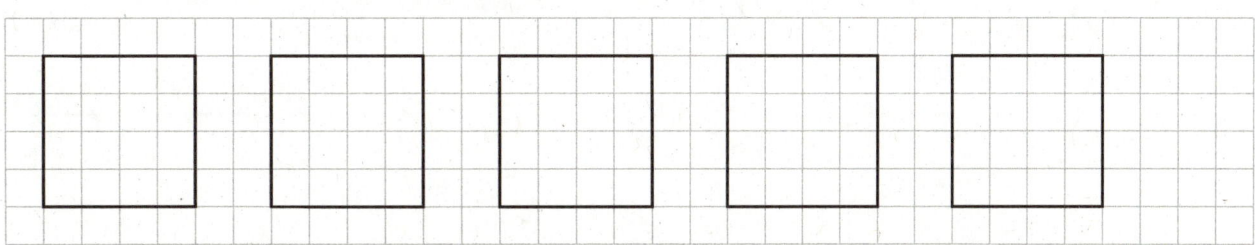

4 Zeichne vier gleiche Rechtecke in dein Heft. Die Rechtecke sollen 6 cm lang und 4 cm breit sein.
Finde verschiedene Möglichkeiten, die Rechtecke in 4 gleich große Teile zu teilen. Färbe jeweils $\frac{1}{4}$.

1   Gleiche Bruchteile können verschieden aussehen.
Färbe die angegebenen Bruchteile ein.

a) $\frac{1}{4}$

b) $\frac{1}{8}$

c) $\frac{1}{3}$

d) $\frac{1}{5}$

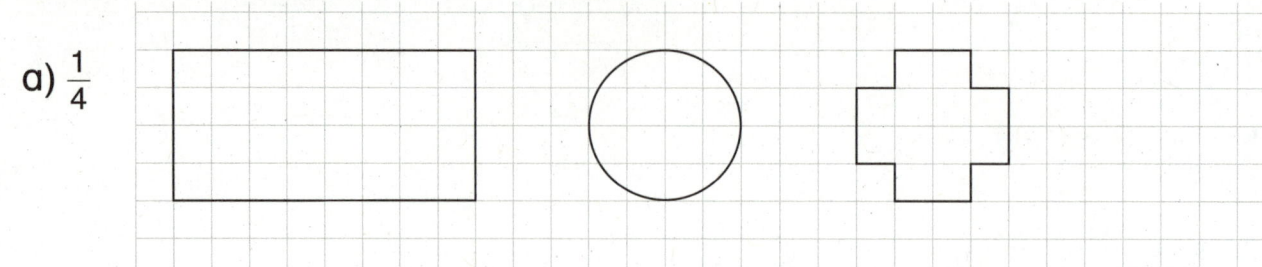

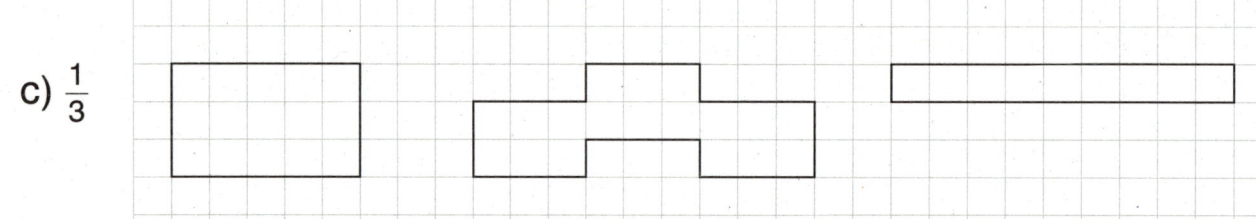
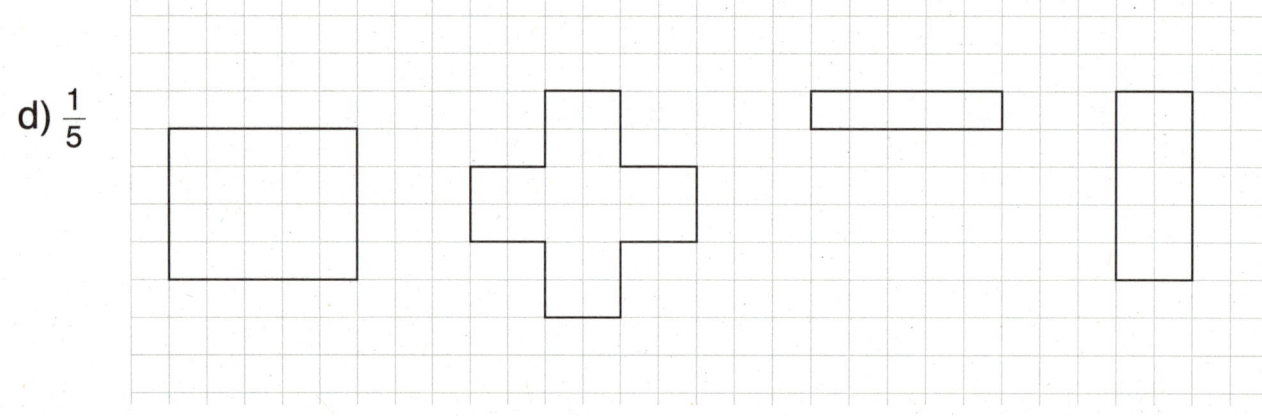

2   Färbe auch hier die angegebenen Bruchteile ein.

a) $\frac{1}{4}$

b) $\frac{1}{6}$

3   Zeichne vier gleiche Rechtecke in dein Heft (a = 6 cm, b = 4 cm).
Färbe in jedem Rechteck einen anderen Bruchteil.
Bruchteile: $\frac{1}{3}$, $\frac{1}{4}$, $\frac{1}{6}$, $\frac{1}{8}$

1 Verbinde.

a) 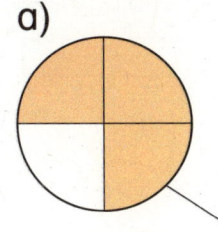 b) 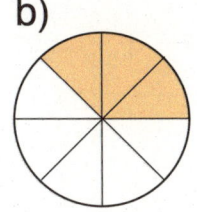 c) 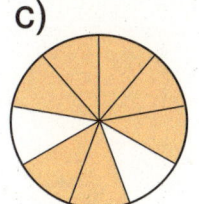 d) 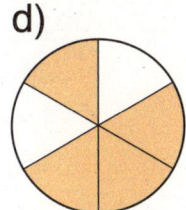 e)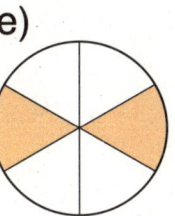

$\frac{2}{3}$ $\frac{4}{5}$ $\frac{3}{4}$ $\frac{5}{7}$ $\frac{3}{8}$ $\frac{7}{9}$ $\frac{4}{6}$ $\frac{4}{7}$ $\frac{2}{6}$ $\frac{3}{5}$

f) 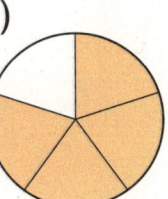 g) 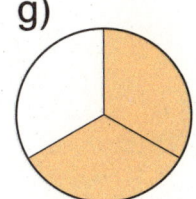 h) 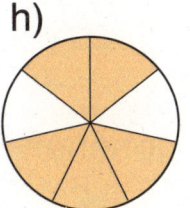 i) 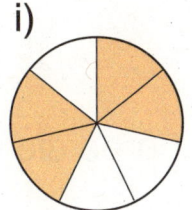 k)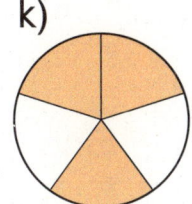

2 Welche Brüche sind hier dargestellt?

a) 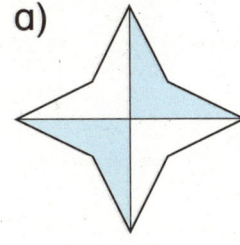 b) 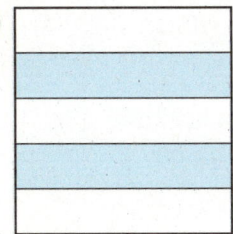 c) 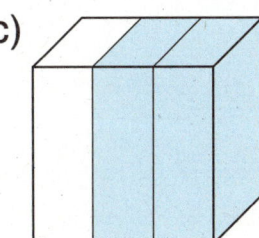 d)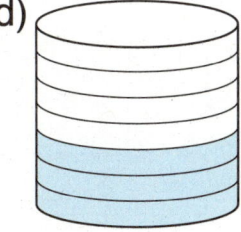

— — — —

3 Färbe die angegebenen Bruchteile.

a) 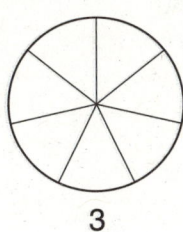 b) 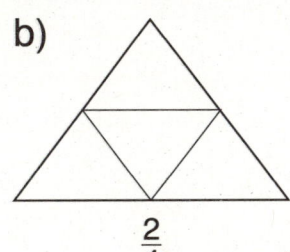 c) 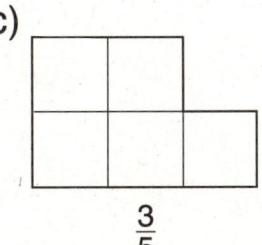 d)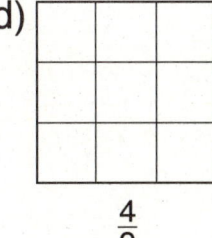

$\frac{3}{7}$ $\frac{2}{4}$ $\frac{3}{5}$ $\frac{4}{9}$

e) 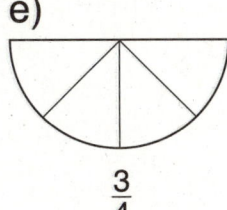 f) 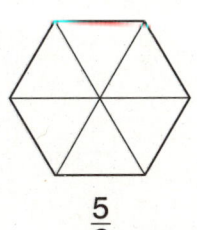 g) 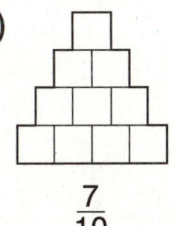 h)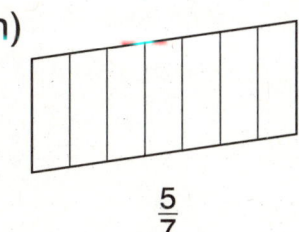

$\frac{3}{4}$ $\frac{5}{6}$ $\frac{7}{10}$ $\frac{5}{7}$

4 Gib für jede Figur in Aufgabe 3 den nicht gefärbten Bruchteil an.

a) — b) — c) — d) — e) — f) — g) — h) —

1 Färbe die angegebenen Bruchteile.

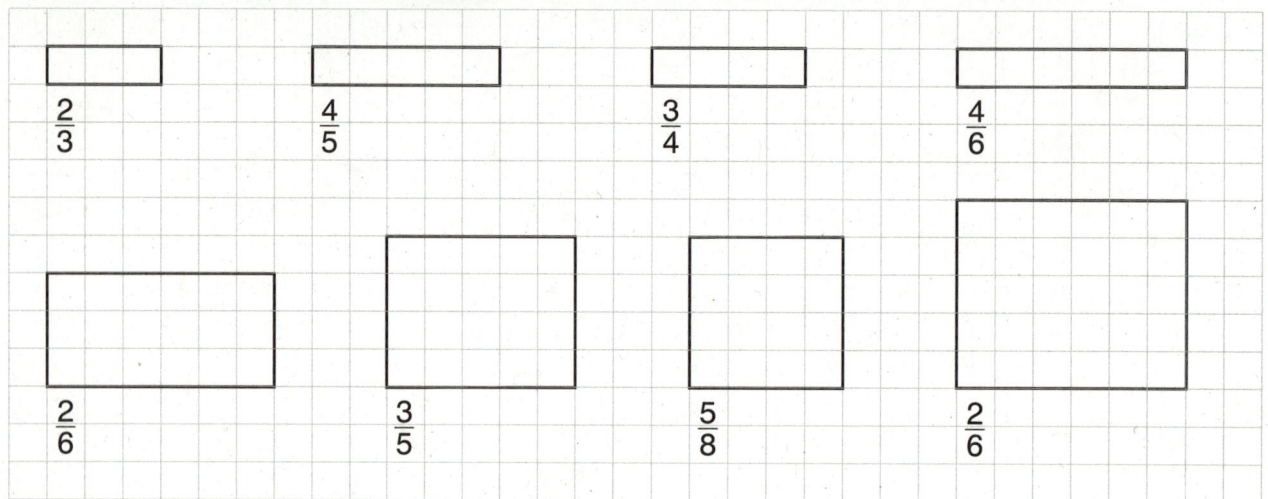

$\frac{2}{3}$ $\frac{4}{5}$ $\frac{3}{4}$ $\frac{4}{6}$

$\frac{2}{6}$ $\frac{3}{5}$ $\frac{5}{8}$ $\frac{2}{6}$

2 Eine Figur! Färbe die angegebenen Bruchteile.

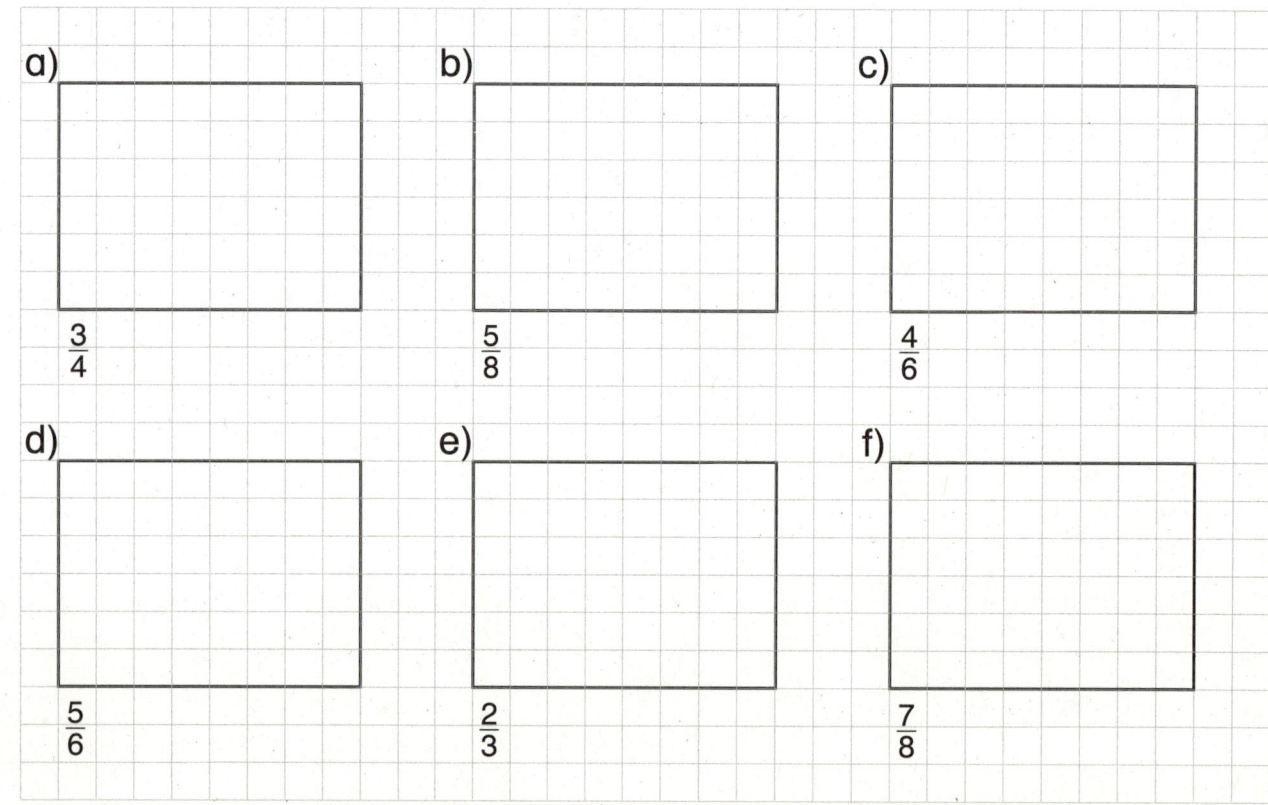

a) $\frac{3}{4}$

b) $\frac{5}{8}$

c) $\frac{4}{6}$

d) $\frac{5}{6}$

e) $\frac{2}{3}$

f) $\frac{7}{8}$

3 Welche Figuren kannst du mit 2 geraden Linien in 4 gleich große Teile zerlegen?

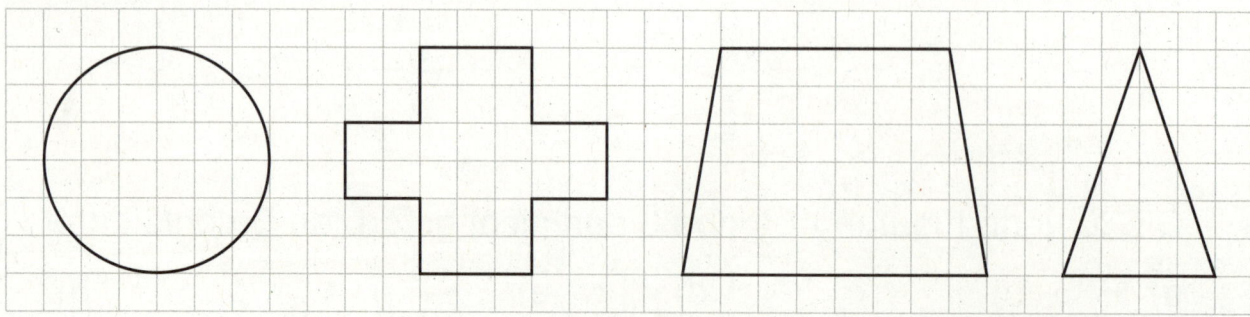

1 Ergänze und färbe.

a) $\frac{1}{4}$ von 12 = ____

b) $\frac{1}{5}$ von ____ = ____

a) $\frac{1}{3}$ von ____ = ____

b) $\frac{1}{7}$ von ____ = ____

2 a)

Dominik prüft seine Tischtennisbälle.
$\frac{1}{4}$ der Bälle ist kaputt.
Färbe $\frac{1}{4}$ der Bälle.

b)

Tamara wird 12 Jahre alt.
$\frac{1}{3}$ der Kerzen brennen noch.
Färbe $\frac{1}{3}$ der Kerzenflammen.

3 a) In der Apelsaftkiste sind $\frac{1}{3}$ der Flaschen leer.
Färbe $\frac{1}{3}$ der Flaschen.

b) Im Eierkarton sind $\frac{1}{5}$ der Eier braun.
Färbe $\frac{1}{5}$ der Eier.

1 Rechne und färbe die Lösungsfelder.

$\frac{1}{3}$ von 900 g 900 g : 3 = 300 g $\frac{1}{3}$ von 900 g = 300 g	$\frac{1}{5}$ von 500 g	$\frac{1}{4}$ von 600 g
$\frac{1}{8}$ von 640 g	$\frac{1}{7}$ von 280 g	$\frac{1}{5}$ von 450 g
$\frac{1}{6}$ von 420 m	$\frac{1}{9}$ von 720 m	$\frac{1}{7}$ von 210 m
$\frac{1}{6}$ von 540 m	$\frac{1}{4}$ von 240 m	$\frac{1}{9}$ von 360 m
$\frac{1}{8}$ von 160 m	$\frac{1}{5}$ von 250 m	$\frac{1}{7}$ von 777 m

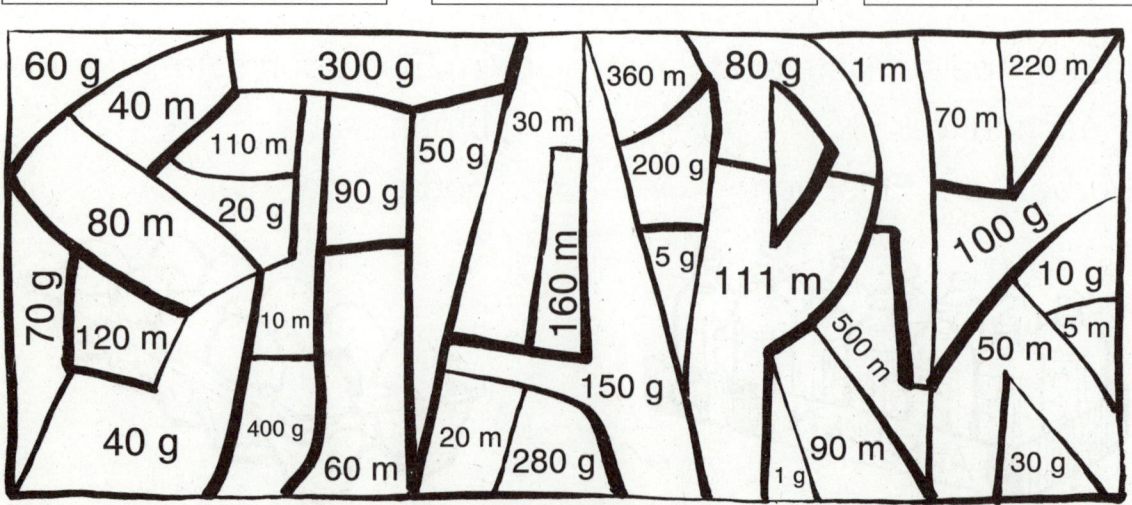

1 Male die Körper in verschiedenen Farben aus.

Würfel	Quader	Pyramide	Kegel	Zylinder	Kugel
lila	blau	gelb	grün	braun	rot

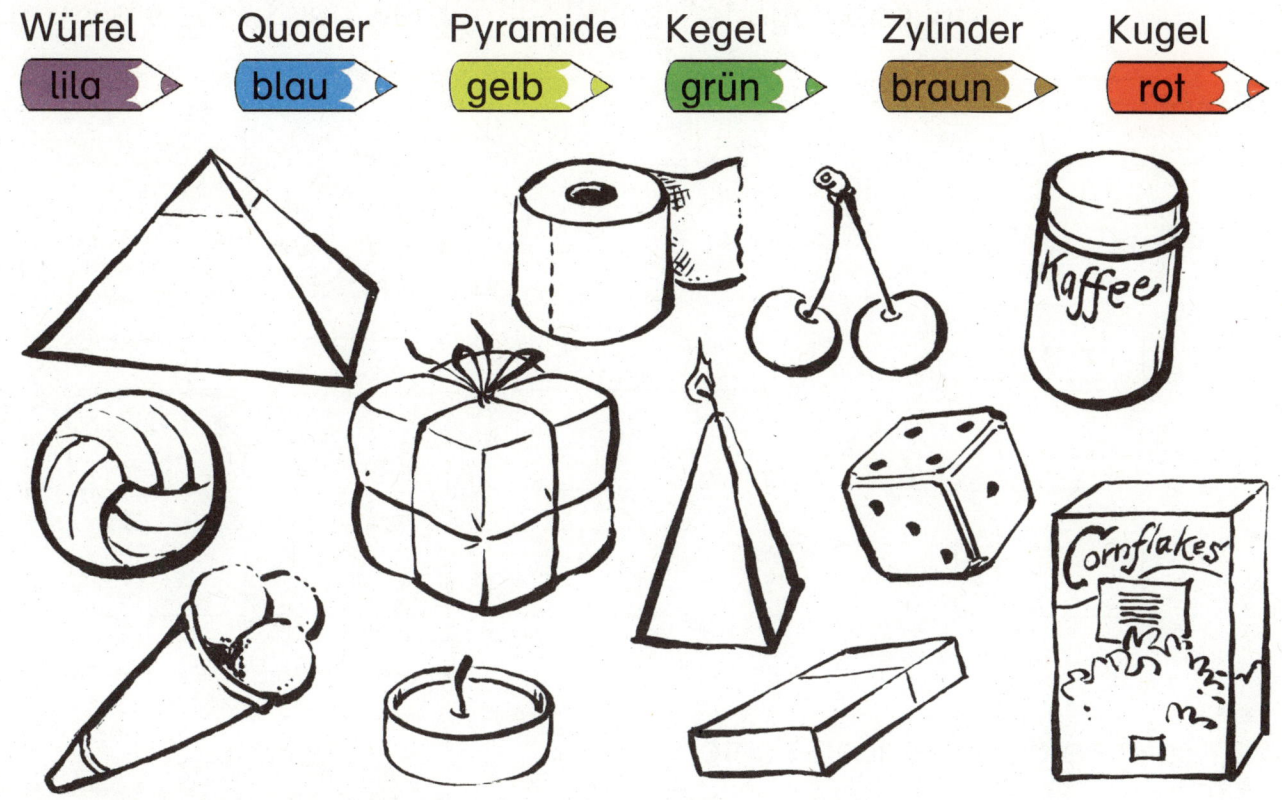

2 Welche Körper findest du? Schreibe auf und male wie oben aus.

a)   b)   c)

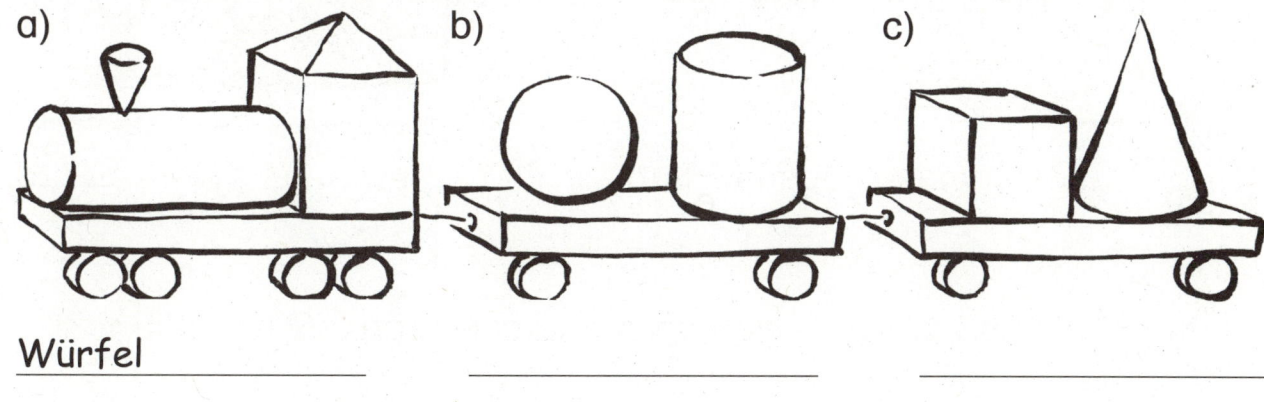

a) Würfel _____

_____

_____

b) _____

_____

_____

c) _____

_____

_____

3 Färbe die Eigenschaften der Körper in den angegebenen Farben.

Pyramide	gelb	6 Flächen	12 Kanten	5 Ecken
Quader	blau	2 Flächen	2 Kanten	0 Ecken
Zylinder	braun	5 Flächen	8 Kanten	1 Ecke
Kegel	grün	3 Flächen	1 Kante	8 Ecken

1 Die Spinne will zur Fliege. Färbe die verschiedenen Wege.

2 Zeichne die fehlenden Kanten.

a)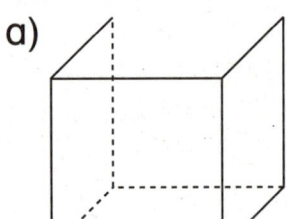

b)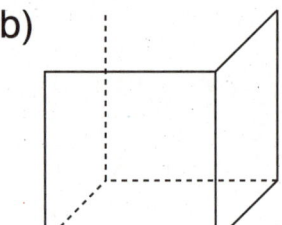

c)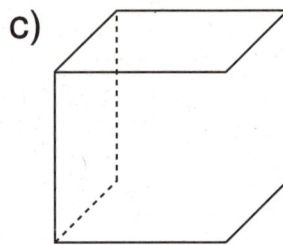

d)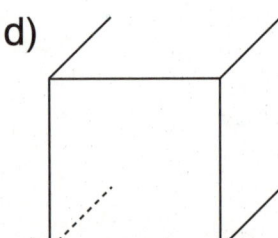

e)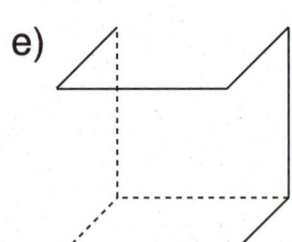

f)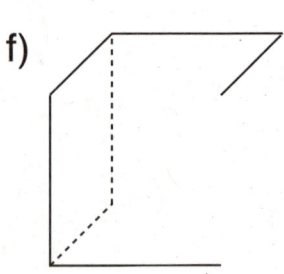

3 a) Färbe parallele Kanten in der gleichen Farbe.
b) Schreibe den Namen zu jedem Körper.

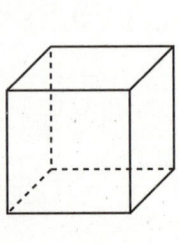 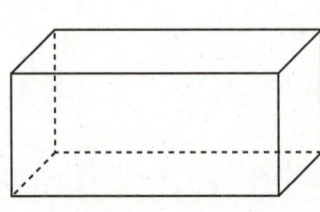 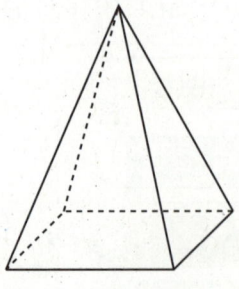 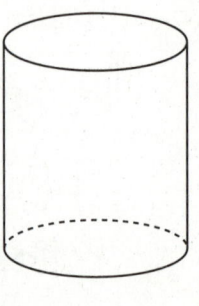

_____   _____   _____   _____

1 Welches Netz lässt sich zu einem Würfel falten?
Kreuze an.

      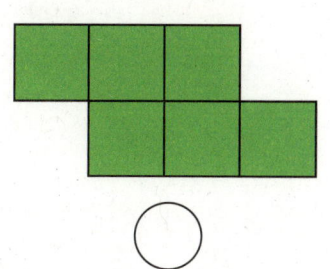

2 Färbe gegenüberliegende Flächen in der gleichen Farbe.

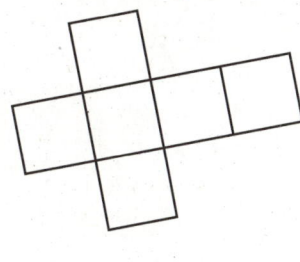   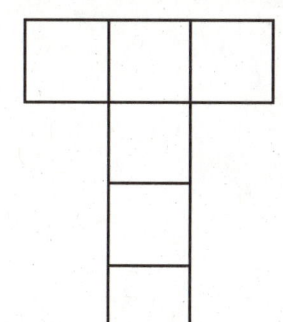   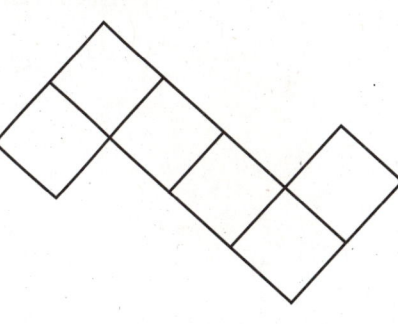

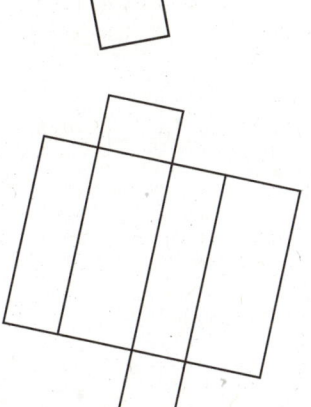   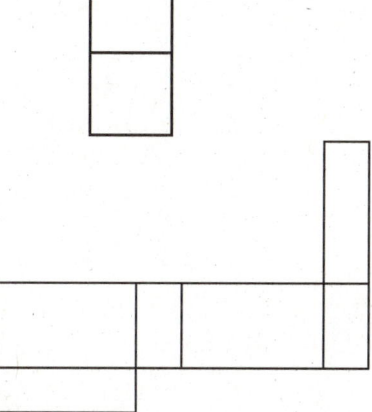   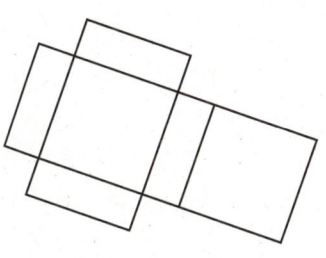

3 Die Netze sind unvollständig.

a) Zeichne die fehlenden Flächen ein.

b) Färbe gegenüberliegende Flächen in der gleichen Farbe.

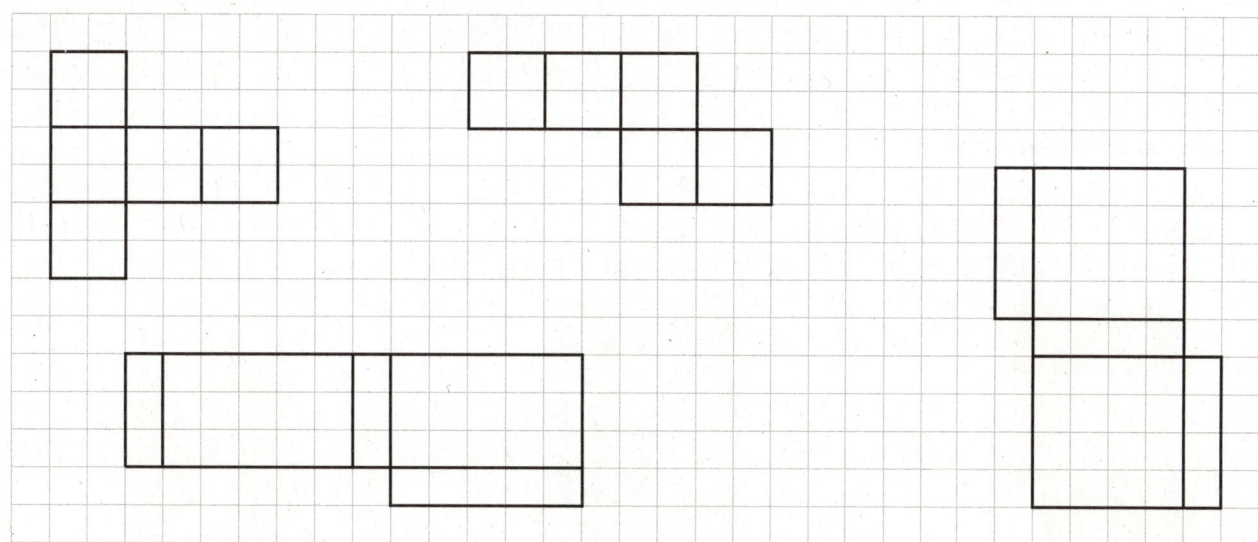

1 Welcher Körper passt zu welchem Bauplan?

A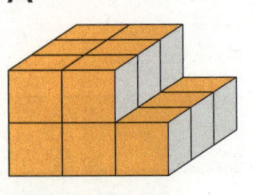

B

C

D

2	1	2
1	1	1
2	1	2

_____

2	2	1
2	2	1
2	2	1

_____

3	2	1
2	2	1
1	1	1

_____

1	3	1
3	3	3
1	3	1

_____

2 Erstelle Baupläne für die Körper.

a)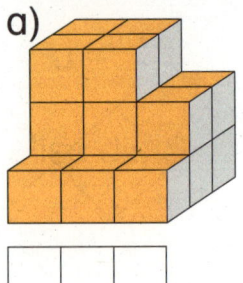

b)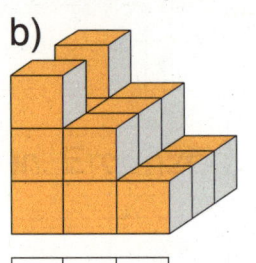

c)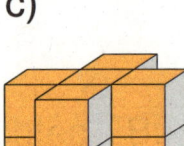

d)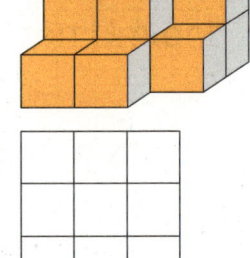

3 Immer zwei Bausteine sind gleich.
Färbe sie in der gleichen Farbe.

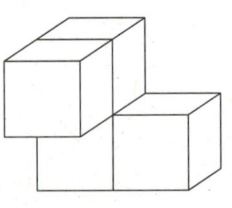
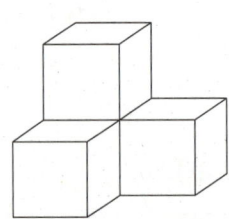
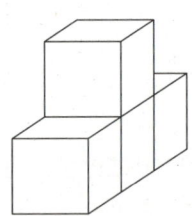
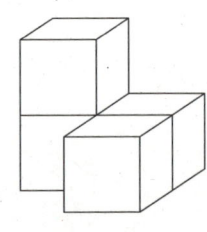
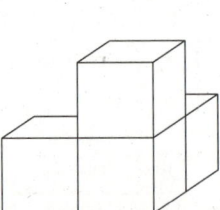
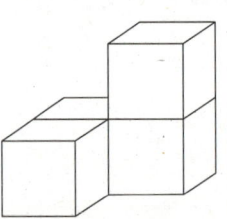
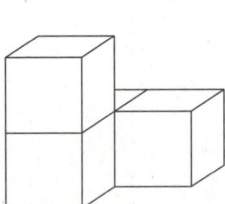
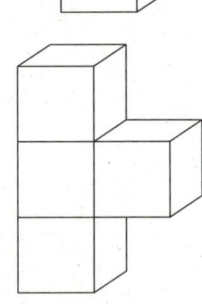

4 Aus wie viel Würfeln bestehen die Körper?

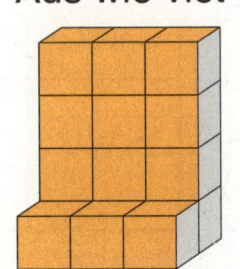 _____ Würfel

 _____ Würfel

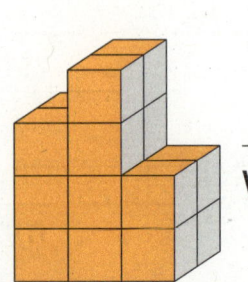 _____ Würfel